ZEITSCHRIFT FÜR ANGEWANDTE GEOLOGIE

HERAUSGEGEBEN VOM
ZENTRALEN GEOLOGISCHEN INSTITUT
IM AUFTRAG DES
STAATSSEKRETARIATS FÜR GEOLOGIE

AUS DEM INHALT

AKADEMIE-VERLAG · BERLIN

BAND 17 / HEFT 7
JULI 1971
SEITE 257—304

PREIS: 6,— M
Sonderpreis DDR: 2,— M

	INHALT	СОДЕРЖАНИЕ	CONTENTS	

Die ZEITSCHRIFT FÜR ANGEWANDTE GEOLOGIE berichtet ständig über folgende Arbeitsgebiete: Geologische Grundlagenforschung und Lagerstättenforschung / Methodik der geologischen Erkundung / Ökonomie und Planung der geologischen Erkundung / Technik der geologischen Erkundung / Geologie und Lagerstättenkunde im Ausland. In der Zeitschrift können alle strittigen Fragen der praktischen Geologie behandelt werden. Die Autoren übernehmen für ihre Aufsätze die übliche Verantwortung.

ZEITSCHRIFT FÜR ANGEWANDTE GEOLOGIE

Träger der Ehrennadel in Gold der Gesellschaft für Deutsch-Sowjetische Freundschaft

KOLLEKTIVE CHEFREDAKTION

Dr. K. KAUTER (Redaktionssekretär)
Prof. Dr. F. STAMMBERGER
Dr. habil. G. TISCHENDORF

BAND 17 · JULI 1971 · HEFT 7

Geomorphologie und Volkswirtschaft

Fragen der praktischen Geomorphologie

A. W. SIDORENKO, UdSSR

Im Zusammenhang mit der Gründung der neuen Zeitschrift „Geomorphologie", was unbestritten einen wichtigen Markstein in der sowjetischen Geomorphologie darstellt, ist es zweckmäßig, einige Fragen der Entwicklung dieser Wissenschaft und ihre Rolle beim Aufsuchen mineralischer Rohstoffe sowie im Prozeß der wirtschaftlichen Tätigkeit des Menschen zu behandeln.

Die Geomorphologie, die sich als Wissenschaft in den dreißiger Jahren herausbildete, erlangte schnell den Rang einer der wichtigsten naturhistorischen Wissenschaften, die sich im Grenzgebiet von physischer Geographie und Geologie entwickeln und jene bereichern und ergänzen. In kurzer Zeit wurden die Methoden der geomorphologischen Untersuchungen definiert, es entstanden geomorphologische Schulen, geomorphologische wissenschaftliche Forschungskollektive wurden geschaffen; geomorphologische Untersuchungen begannen bei praktischen Arbeiten Anwendung zu finden. In der gleichen kurzen Zeit entstand eine Reihe bedeutender geomorphologischer Arbeiten: geomorphologische Übersichts- und Detailkarten einzelner Territorien des Landes, Monographien, Lehrbücher. Das alles zeugt von der Wichtigkeit dieser Wissenschaft und der großen praktischen Bedeutung geomorphologischer Untersuchungen. Die Geomorphologie dringt in immer stärkerem Maße in andere Wissenschaften und vor allem in die geologische Wissenschaft und Praxis ein.

Ohne die anderen Probleme der Geomorphologie zu berühren, behandeln wir hier einige Fragen ihrer praktischen Anwendung. Wir skizzieren zwei Gruppen von Fragen:

die Bedeutung der Geomorphologie beim Aufsuchen mineralischer Rohstoffe, sozusagen der Mineralrohstoffaspekt der praktischen Anwendung geomorphologischer Kenntnisse;

die Bedeutung der Geomorphologie bei der Untersuchung der Erdkruste als Medium für Aufenthalt und Tätigkeit des Menschen, sozusagen der ingenieurgeomorphologische Aspekt der Wissenschaftsanwendung bei der wirtschaftlichen Nutzung der Territorien unter den einzelnen natürlich-klimatischen und geologischen Verhältnissen.

Die Anwendung der geomorphologischen Kenntnisse in jeder dieser beiden Richtungen hat nicht nur direkten Einfluß auf die Ergebnisse der Arbeiten. Indem sie der Geomorphologie neue Aufgaben stellt, bereichert sie diese und fördert die Weiterentwicklung der geomorphologischen Wissenschaft. Uns scheint es durchaus notwendig, die Aufmerksamkeit auf die praktischen Fragen der Geomorphologie bzw. auf die Entwicklung der angewandten Geomorphologie zu lenken; denn als selbständige Wissenschaft entwickelt sich die Geomorphologie hauptsächlich in wissenschaftlichen Instituten, während sich in den Produktionsorganisationen noch keine geordneten Organisationsformen der angewandten Geomorphologie herausgebildet haben. In einer Reihe von Fällen werden geomorphologische Untersuchungen bei der Lösung praktischer Aufgaben unzureichend verwendet, und sie tragen untergeordneten Charakter; breite Kreise der praktisch Tätigen stellen sich nicht immer in genügendem Maße die Möglichkeiten der Geomorphologie sowie jene Ergebnisse vor, die man durch ihre Anwendung erhalten kann.

Die Geomorphologie und das Aufsuchen mineralischer Rohstoffe

Während in der ersten Zeit, da sich die Geomorphologie als Wissenschaft herausbildete, die Hauptaufmerksamkeit allgemeinen Fragen der Untersuchung der Reliefformen und ihrer Genese, ferner der geomorphologischen Beschreibung einzelner Territorien galt, werden jetzt, neben der Bearbeitung allgemeiner Probleme der Geomorphologie, geomorphologische Untersuchungen immer mehr zu einem Bestandteil geologischer Erkundungsarbeiten. Gegenwärtig hat die Geomorphologie nahezu in alle Arten der geologischen Arbeiten Eingang gefunden und ist zu ihrem Bestandteil geworden.

Die geologische Kartierung in beliebigen Maßstäben, die jetzt zu einer komplexen Untersuchung der Geologie der einzelnen Regionen geworden ist, schließt als Bestandselement die geomorphologische Kartierung ein. Ohne geomorphologische Aufnahme gibt es jetzt keine geologische Karte. Die Geomorphologie wird in breitem Maße bei der Lösung von Fragen der angewandten Geologie verwendet, besonders beim Aufsuchen mineralischer Rohstoffe.

Das Aufsuchen von Gold-, Diamant-, Titan- und Zinnseifenlagerstätten kann nur dann erfolgreich sein, wenn geomorphologische Methoden verwendet und die

Aus: „Geomorfologija" Nr. 1, 1970, S. 9–18.
Übers.: W. OESTREICH, ZGI, Berlin.

Sucharbeiten nach detailliert erarbeiteten geomorphologischen Karten durchgeführt werden. Die von den Geologen in den letzten Jahren in weitem Maße angewandten metallometrischen, geochemischen und Schlichaufnahmen können ergebnisreich sein, wenn die Reliefformen, ihre Genese und die sie begleitenden Deckablagerungen untersucht sind. In allen geologischen Trupps, die die obengenannten Untersuchungen durchführen, arbeiten bzw. sollten Geomorphologiespezialisten arbeiten.

Man muß jedoch feststellen, daß diese Arbeiten noch häufig ohne Geomorphologen ablaufen. Hin und wieder werden geochemische und metallometrische Sucharbeiten, besonders wenn sie von geophysikalischen Trupps realisiert werden, ferner Schlichsucharbeiten geomorphologisch fehlerhaft, ungeschickt, mechanisch einfach, flächenhaft durchgeführt, ohne Gliederung der kontinentalen Lockermassen in die entsprechenden genetischen Komplexe, was bei kontinentalen Schichten ohne Geomorphologie unmöglich ist. Über diese allgemein bekannten Wahrheiten muß man offenbar deshalb sprechen, weil ohne die Geomorphologie das Niveau der Untersuchungen und die Effektivität der geologischen Erkundungsarbeiten herabgesetzt werden.

Während in der Geologie der Seifen die Geomorphologie Anerkennung erlangt hat und Arbeiten ohne Geomorphologie nicht die Regel, eher eine Ausnahme sind, ist die Anwendung der Geomorphologie beim Aufsuchen und Erkunden anderer unter kontinentalen Verhältnissen entstandener mineralischer Rohstoffe, wo die Reliefformen bei der Bildung der Lagerstätte bestimmend waren, noch unzureichend und bedarf der Einführung. Das Aufsuchen von Stein- und Braunkohlenlagerstätten, von Bauxiten, von Lagerstätten der Verwitterungskruste, von Tonen, lockeren Baustoffen (Kies, Sanden, Schotter), deren Lager gewöhnlich eine komplizierte Konfiguration haben, würde um ein Vielfaches erfolgreicher sein, wenn an diesen Arbeiten auch Geomorphologen teilnähmen und die Genese der Reliefformen, die den mineralischen Rohstoff enthalten, klärten.

Die Verwendung geomorphologischer Methoden beim Aufsuchen mineralischer Rohstoffe in jungen tertiären und quartären Schichten wurde allgemein üblich, und man muß darauf achten, daß diese Regel nicht verletzt wird. Komplizierte Fragen entstehen im Zusammenhang mit dem Aufsuchen von Lagerstätten, die mit einem begrabenen Relief verbunden sind. Hier ist die Rolle der Geomorphologen besonders wichtig. Die Geomorphologie interessiert sich immer mehr für die begrabenen Reliefformen der Erde. Gegenwärtig entsteht einer der für die praktische Geologie sehr wichtigen Zweige der Geomorphologie — die Paläogeomorphologie, die Wissenschaft vom fossilen Relief vergangener geologischer Epochen. Wir zweifeln nicht daran, daß in Zukunft die Paläogeomorphologie eine der wichtigsten Wissenschaften werden wird, angewandt beim Aufsuchen mineralischer Rohstoffe, die sich in bestimmten Formen des fossilen Reliefs konzentrieren.

Das Aufsuchen von Karstbauxitlagern, begrabenen Seifen von Gold, Diamanten, Zinn, Titan und anderen seltenen Elementen muß von einem Geologen geleitet werden, der die paläogeomorphologischen Untersuchungsmethoden beherrscht. Die praktische Bedeutung paläogeomorphologischer Untersuchungen wird allein schon dadurch bestimmt, daß viele alte Seifengoldgewinnungsgebiete, die ihre Vorräte erschöpft haben, erneut zur Förderung übergehen können, wenn Untersuchungen begrabener Goldseifen angesetzt werden. Die geologische Praxis kennt nicht wenige Beispiele einer Renaissance der Goldgewinnung beim Übergang auf alte begrabene Seifen.

Da die Paläogeomorphologie noch keine breite Entwicklung und Anerkennung gefunden hat und die Methoden der Paläogeomorphologie noch wenig ausgearbeitet sind, ist ihre Verwendung beim Aufsuchen mineralischer Rohstoffe noch äußerst unzureichend. Schulen und wissenschaftliche Kollektive von Paläogeomorphologen haben sich noch nicht gebildet. In den im Gelände tätigen Sucherkundungstrupps gibt es in der Regel noch keine Paläogeomorphologen, deshalb werden ihre Aufgaben von den Lithologen übernommen, die häufig die geomorphologischen Methoden nur unzureichend beherrschen.

Das Aufsuchen von Erdöl- und Erdgaslagern, die alten Flußläufen und Uferwällen folgen, d. h. solchen Fallen, die mit einem begrabenen Relief zusammenhängen, kann ohne eine tiefgründige paläogeomorphologische Analyse nicht durchgeführt werden.

In diesem Entwicklungsstadium der Wissenschaft sind die Methoden der paläogeomorphologischen Analyse begrabener Reliefs noch unzureichend ausgearbeitet, und viele Geologen beherrschen sie ungenügend. Zu einem erheblichen Grad werden die Methoden der paläogeomorphologischen Untersuchungen mit ebenfalls noch weit von der Vollkommenheit entfernten Methoden der lithologischen Untersuchung kontinentaler Folgen verknüpft.

Bei der Behandlung der Entwicklung der Paläogeomorphologie muß man davor warnen, die Methoden zur Untersuchung der Geomorphologie des Quartärs einfach auf ältere fossile Reliefs zu übertragen. In der Paläogeomorphologie werden mehr lithologische Methoden zur Erkenntnis der fossilen Reliefs verwendet. Während der Geomorphologe mit eigenen Augen das rezente Relief beobachten und studieren kann, rekonstruiert der Paläogeomorphologe das fossile (ehemalige) Relief nach geologischen Dokumenten, vor allem nach Unterlagen der Lithologie, Geophysik und Tektonik. Unter diesem Aspekt ist die Paläogeomorphologie eine noch synthetischere Wissenschaft als die Geomorphologie. Während sich die Geomorphologie als Wissenschaft entwickelt, welche die Entwicklungsgesetzmäßigkeiten der Formen der Erde als Ergebnis geologischer Vorgänge in der Erdkruste und physisch-geographischer Prozesse an der Oberfläche untersucht, wird sich die Paläogeomorphologie als Wissenschaft entwickeln, die nicht nur die fossilen Reliefs „restauriert", sondern auch die Entwicklungsgesetzmäßigkeiten des Reliefs vergangener geologischer Epochen erkennt. Dafür muß der Paläogeomorphologe sowohl ein guter Geologe als auch ein guter Geomorphologe sein.

Für die praktischen Zwecke sind jetzt nicht nur mehr einzelne fragmentarische Restaurationen des Paläoreliefs notwendig. Die Zeit, eine regionale Paläogeomorphologie der einzelnen Perioden der Erdgeschichte der Erde auszuarbeiten, ist angebrochen. Diese Arbeit wurde bis jetzt bei den wissenschaftlichen Untersuchungen noch nicht die führende, obgleich sie für die weitere Entwicklung der Geologie, für das Aufsuchen mineralischer Rohstoffe äußerst notwendig ist. Wir bemerken beiläufig, daß die Geologen der Untersuchung der kontinentalen Regimes in der Erdgeschichte, d. h. jener Zeitperioden, für die paläogeomorphologische Methoden der Erkenntnis die wichtigsten sind, noch wenig Beachtung schenken. Die kontinentalen Regimes sind in der Erdgeschichte wahrscheinlich ebenso weit verbreitet wie die marinen. Diese Annahme wird auch schon dadurch gut bestätigt, daß jedem marinen Sediment ein entsprechendes Äquivalent auf dem Festland entsprechen muß. Es geht einfach darum, daß wir an der Rekonstruktion der Paläogeographie der kontinentalen Regimes, und besonders der Denudationsgebiete, bisher noch wenig gearbeitet haben.

Verf. hat mehrfach die Notwendigkeit, die kontinentalen Regimes der vergangenen geologischen Epochen zu untersuchen, betont. Ihre Untersuchung ist auch für das Studium der Geschichte der Erdkruste und für praktische Zwecke des Aufsuchens mineralischer Rohstoffe erforderlich. Diese sehr wichtige geologische Aufgabe kann nicht ohne Paläogeomorphologen gelöst werden. Als Beispiel kann man darauf hinweisen, daß gegenwärtig die Geomorphologische Kommission der Akademie der Wissenschaften der UdSSR und das Ministerium für Geologie der UdSSR unter Leitung des Akademiemitglieds I. P. Gerassimow und des Verf. eine zusammenfassende Arbeit über alte Einebnungsflächen und alte Verwitterungskrusten abfassen. Diese zusammenfassende paläogeomorphologische Untersuchung der kontinentalen Regimes auf dem Territorium der UdSSR, vom Frühpaläozoikum bis heute, wird die wissenschaftliche Begründung für die Prognose zum Aufsuchen von Lagerstätten mineralischer Rohstoffe kontinentaler Genese liefern. Die Karten der Ausgleichsflächen werden ebenfalls zur prognostischen Bearbeitung von Gebieten für das Aufsuchen von Bauxiten in der UdSSR verwendet. Die Arbeit wird als Komplexforschung von Geomorphologen, Geologen, Lithologen und Paläogeographen in den Instituten der Akademie der Wissenschaften der UdSSR und in den geologischen Verwaltungen durchgeführt.

Im Zusammenhang mit den Bedürfnissen der geologischen Praxis muß man die Aufmerksamkeit noch auf einen anderen Entwicklungsaspekt der Geomorphologie lenken. Die Hauptuntersuchungsobjekte der Geomorphologie sind gegenwärtig die Kontinente, in etwas geringerem Maße werden die litoral-marinen Zonen und die Küsten der Meere und Ozeane untersucht. Die Bildungsgesetzmäßigkeiten des Reliefs auf dem Festland und des küstennahen Teils des Meeres, als Widerspiegelung der geologischen Vorgänge in der Erdkruste, beginnen bereits von der praktischen Geologie beim Aufsuchen und bei der Erkundung mineralischer Rohstoffe angewandt zu werden.

Die Zeit ist gekommen, um darauf zu orientieren, die Probleme der Geomorphologie des Meeres- und des Ozeanbodens zu bearbeiten. Das ist nicht nur für die Nutzung des Ozeanbodens durch den Menschen notwendig, wovon später die Rede sein wird, sondern auch für die wissenschaftliche Begründung der Methoden zum Aufsuchen und Erkunden der mit marinen Sedimenten zusammenhängenden mineralischen Rohstoffe. Die marinen Ablagerungen und folglich auch die mit ihnen zusammenhängenden mineralischen Rohstoffe sind nicht so einförmig (monoton), wie das früher erschien. Immer mehr stellen sich die Kompliziertheit des Reliefs des Weltozeans, des Meeresbodens und folglich auch die Kompliziertheit seiner Sediment- und Erzbildung heraus. Bei der Erkenntnis der Verteilungsgesetzmäßigkeiten der marinen Gesteine und Erze gibt es besonders in den Sedimenten vergangener geologischer Epochen viele Schwierigkeiten, die geklärt werden müssen, um das Aufsuchen der mineralischen Rohstoffe sachgemäß leiten zu können.

Wir bringen einige Beispiele zur Begründung des Gesagten. Die Erdölgeologie erkundet in großem Maße Lager von Erdöl und Erdgas, die bestimmten Kalkriffbauten folgen. Das System der Erkundung dieses Typs von Lagern, die sehr unregelmäßig sind, hängt in erheblichem Grade von der Kenntnis der Reliefformen ab, die von den Korallenbauten gebildet werden, ferner von der Kenntnis der Lage der Küstenlinie, der ufernahen Barren, der Meeresströmungen und der Zufuhr terrigener Komponenten. Alle diese Fragen sind in allgemeiner Form untersucht, aber nicht speziell für die Zwecke der Erdölgeologie. Leider wurden die Fachleute für die Meeresgeomorphologie und Paläogeomorphologie zu diesen Arbeiten nicht herangezogen. Die Verteilungsgesetzmäßigkeiten der Kalkriffbauten werden bis jetzt von den Lithologen und Erdölgeologen selbst durch teuer zu stehen kommende Bohrungen aufgedeckt. Wahrscheinlich könnte die Nutzung der Erfahrungen der Geomorphologen bei der Untersuchung der rezenten Reliefformen in erheblichem Grade die Effektivität des Ansetzens der Bohrungen während des Aufsuchens und der Erkundung von Erdöl und Erdgas in kalkigen Speichergesteinen erhöhen.

Sehr wenig kennen wir die Verteilung der terrigenen Komponenten in marinen Seifen, da die Vorgänge der Verteilung der Mineralien in den Meeresströmungen und küstennahen Strömungen wenig untersucht sind. Die Untersuchung der Reliefs von Meeres- und Ozeanböden und der Meeresströmungen würde uns für das Verstehen der Konzentrationsbedingungen der nutzbaren Komponenten in den marinen Sedimenten sehr nützlich sein.

Gegenwärtig gilt die Beachtung der breiten Entwicklung und großen praktischen Bedeutung der sedimentär-vulkanogenen Gesteine und Erze. Die Erkenntnis der Gesetzmäßigkeiten dieser Prozesse wird nicht nur auf der Grundlage petrologisch-lithologischer und geochemischer Untersuchungen möglich sein, sondern auch durch die Anwendung geomorphologischer und paläogeomorphologischer Methoden auf die Untersuchung rezenter und alter submariner Vulkangebiete.

Oben haben wir die Bedeutung geomorphologischer Arbeiten für das Aufsuchen mineralischer Rohstoffe im Zusammenhang mit der rezenten kontinentalen oder marinen Sedimentbildung und die Übertragung dieser Gesetzmäßigkeiten auf die fossilen Sedimente und Paläoreliefs behandelt. Wir betrachten nun einige Fragen der Anwendung der Geomorphologie für das Aufsuchen mineralischer Rohstoffe im Zusammenhang mit Tektonik und Neotektonik. In diesem Fall haben die geomorphologischen Untersuchungen beim Aufsuchen mineralischer Rohstoffe ebenfalls hinreichend große Bedeutung.

Die in der letzten Zeit nachgewiesene Gesetzmäßigkeit, daß sich die tektonischen Bewegungen großer tektonischer Strukturen der Erdkruste mit größerer oder geringerer Intensität im Verlauf einer Reihe geologischer Perioden wiederholen können, daß sie in der Regel von vergangenen geologischen Epochen ererbt sind, hat für die Anwendung der Geomorphologie beim Aufsuchen mineralischer Rohstoffe große Bedeutung. Wir Geologen beachten das leider noch ungenügend.

Die Untersuchung der rezenten und quartären Reliefformen, in Kombination mit dem Studium der Neotektonik, kann eine indirekte Methode zur Erkenntnis der geologischen Entwicklung vergangener geologischer Epochen und zum Aufsuchen mineralischer Rohstoffe sein. Die z. B. vor kurzem entstandene Vorstellung über den Blockbau des Ukrainischen kristallinen Schildes, der Halbinsel Kola und anderer Schilde eröffnet gewaltige Möglichkeiten für die praktische Geologie. Die abgesunkenen Blöcke im kristallinen Fundament können sich als Gebiete erweisen, in denen eine Reihe mit Verwitterungsprozessen zusammenhängender mineralischer Rohstoffe (Bauxite, Kaolinite, alluviale und andere Seifen, silikatisches Nickel u. dgl.) erhalten geblieben ist, während sich die gehobenen Blöcke des Fundaments als Materialquellen für die Sediment- und Erzbildung erweisen können. Die Anfertigung von Karten des Reliefs des präkambrischen Fundaments, die die Erosionsprozesse und die vertikalen Schwingungsbewegungen widerspiegeln, wird zu einem dringenden wissenschaftlichen und praktischen Erfordernis. Sie können durch die gemeinsamen Anstrengungen von Paläogeomorphologen, Geologen, Tektonikern und Geophysikern zusammengestellt werden.

Die Analyse der im Relief in Erscheinung tretenden jungen tektonischen Bewegungen wird für das Aufsuchen von Erdöl und Erdgas genutzt. Die geomorphologische Analyse der Oberfläche, die Analyse der Neotektonik, spiegelt häufig den Bau der Tiefen wider. In Kombination mit anderen Methoden verwenden die Erdölgeologen Geomorphologie und Neotektonik in immer breiterem Maße für das Aufsuchen von Erdölstrukturen. In der Kaspiniederung, im Kaukasusvorland, in Mittelasien leisten geomorphologische Methoden, in Kombination mit der Seismik, Hilfe beim Nachweis von Erdölstrukturen in der Tiefe. Ebenso haben auch die Analyse des Fundamentreliefs der öl- und gasführenden Becken sowie der Nachweis von Scheitelhebungen erstrangige Bedeutung für das Aufsuchen öl- und gasführender Strukturen. Wenn auch diese Arbeit hauptsächlich von Geophysikern und Erdölgeologen geleistet wird, ist sie doch ihren Methoden nach ein Teil der geomorphologischen Untersuchungen. Hier sind die Interessen des Geomorphologen, des Geophysikers, des Tektonikers, des Geologen und sogar des Bohrkumpels eng verflochten.

Das Eindringen der Geomorphologie in die Praxis der Erdölsuche wäre äußerst wünschenswert. In dieser Richtung gibt es noch viele ungelöste Fragen und viele Schwierigkeiten, aber die Zweckmäßigkeit der Heranziehung der Geomorphologen zu diesen Arbeiten steht außer Zweifel. Für die Steuerung der Erdölsuche wäre es sehr nützlich, paläogeomorphologische Karten vom Fundament der öl- und gasführenden Becken zu haben. Gegenwärtig werden sie vorwiegend von den Geophysikern hergestellt, besonders für das tiefliegende Präkambrium. Die von dem Institut WNII Geofisika im Jahre 1966 unter der Redaktion N. W. NEWOLINs hergestellte schematische Karte vom Relief der Oberfläche des Fundaments des europäischen Teils der UdSSR im Maßstab 1 : 2500000 z. B. hat große Bedeutung für die Lenkung der geologischen Erkundungsarbeiten auf Erdöl und Erdgas. Aber wie würden diese Karten gewinnen, wenn sich bei ihrer Herstellung auch die Geomorphologen beteiligen würden, besonders bei der Anfertigung der detaillierten Karten.

Die obenangeführten Argumente und Beispiele zeigen nach unserer Meinung überzeugend genug, daß die Geomorphologie und besonders die Paläogeomorphologie sowohl in der Gegenwart als auch besonders in der Zukunft eine der führenden Wissenschaften beim Aufsuchen mineralischer Rohstoffe werden wird, deren Genese kontinental ist oder die sich in kontinentalen Folgen vergangener geologischer Epochen konzentrieren. Wir meinen, daß die Bedeutung geomorphologischer Methoden beim Aufsuchen und Erkunden von Lagerstätten mineralischer Rohstoffe mariner Schichten zunehmen wird. Unbestritten ist die große Bedeutung geomorphologischer Methoden für das Aufsuchen von Strukturen, die für die Erdöl- und Erdgassuche günstig sind.

Während die Anwendung der Geomorphologie für das Aufsuchen quartärer Seifenlagerstätten bereits zu einer gewöhnlichen Erscheinung geworden ist, bedürfen die anderen Aspekte der Anwendung dieser Wissenschaft für das Aufsuchen mineralischer Rohstoffe nicht nur der Propaganda, sondern auch der weiteren Entwicklung der Methoden und der Schaffung entsprechender Kollektive von Geomorphologen, die es sich zum Ziel setzen, in der Erdölgeologie, in der Geologie der Bauxitlagerstätten, der Geologie alter fossiler Seifen und für die Erkenntnis des geologischen Baues der Tiefen unmittelbar zu arbeiten.

In unserer Zeit entsteht die geologisch-geomorphologische Richtung der Erdkrustenuntersuchung. Wir glauben, daß sie eine große Zukunft hat und man sie deshalb mit allen Mitteln entwickeln und stärken muß.

Leider besteht bei vielen Geologen, besonders bei Erkundungsgeologen, ein Unverständnis für die Geomorphologie und ein falsches Verhältnis zu ihr. Sie betrachten die Geomorphologie als rein geographische Wissenschaft. Die Erkunder der Erdtiefen müssen ihre Meinung über die Geomorphologie ändern. Die Aufdeckung der Bildungs- und Verteilungsgesetzmäßigkeiten für die genetischen Komplexe der exogenen Gesteins- und Erzbildung kann nicht ohne tiefgründige geomorphologische Analyse gelöst werden. Deshalb muß man die Geomorphologie der geologischen Wissenschaft und der geologischen Praxis näherbringen. Die Geologen, besonders die Sedimentärgeologen, müssen sich die geomorphologischen Untersuchungsmethoden aneignen und sie in ihrer geologischen Praxis in breiterem Maße anwenden. In der modernen Auffassung hat die Geomorphologie schon lange aufgehört, eine rein geographische Wissenschaft zu sein, welche die Oberflächenformen der Erde studiert; jetzt ist sie die Synthese von physischer Geographie und Geologie im geologischen Raum und in der geologischen Zeit geworden; sie ist eine Wissenschaft, die eine direkte Beziehung zum Aufsuchen und Erkunden des größeren Teils der mineralischen Rohstoffe hat.

Die Bedeutung der Geomorphologie bei der Untersuchung der Erdkruste als Medium für den Aufenthalt des Menschen

Verf. hatte bereits früher die Möglichkeit, Fragen zu behandeln, die sich mit der Entwicklung der geologischen Untersuchungen im Zusammenhang mit dem Problem der Wechselbeziehung zwischen Mensch und Natur und mit der Untersuchung der Erdkruste als Medium, in dem Leben und Tätigkeit des Menschen vor sich gehen, befassen.

Das Problem der Wechselbeziehung zwischen Mensch und Erdkruste ist sehr vielgestaltig, besonders in unserer Zeit, in der der Mensch mit einer gewaltigen Technik ausgerüstet ist. Im ganzen besteht es darin, daß der Mensch immer mehr zu einem bedeutsamen geologischen Faktor wird, der auf die Erdkruste einwirkt und sie umgestaltet. Es entsteht eine zweite oder „vermenschlichte" Natur, darunter auch eine unter der Einwirkung des Menschen umgestaltete Erdkruste. Die Einwirkung des Menschen auf die Erdkruste beschränkt sich heute nicht nur auf die Erdoberfläche, sondern erfaßt immer größere Tiefen. Infolge der wirtschaftlichen Tätigkeit tritt der Mensch als gewaltiger reliefbildender Faktor auf.

Für die Geomorphologie treten neue Probleme auf, die zur praktischen Tätigkeit des Menschen eine direkte Beziehung aufweisen.

Betrachten wir einige wissenschaftliche und organisatorische Aspekte der Entwicklung der Geomorphologie, die im Zusammenhang mit der Wechselbeziehung zwischen Mensch und Erdkruste entstehen. Bekanntlich tritt die Tätigkeit des Menschen am aktivsten an der Erdoberfläche in Erscheinung. Dem Wesen nach erfolgt in erster Linie eine Umgestaltung der Oberfläche der Erdkugel; durch den Menschen werden neue Landschaften und neue Reliefformen geschaffen. An der Umgestaltung der Erdoberfläche muß auch die Geomorphologie aktiven Anteil nehmen, indem sie mit geomorphologischen Methoden die rationellste Nutzung der Erdoberfläche begründet. Die Geomorphologen müssen ingenieurgeomorphologische Untersuchungen der einzelnen Territorien unseres Landes aufnehmen.

Durch die Arbeit der Bergbauindustrie, bei der Errichtung großer Industrieanlagen, beim Bau von Städten, Fernverkehrsstraßen und Kanälen entstehen neue, vom Menschen geschaffene Reliefformen. Hier gibt es sehr viele schwerwiegende praktische Fragen. In manchen Fällen sind das Fragen der Befestigung der Tagebauböschungen gegen Auswaschung und Rutschung, in anderen wiederum geht es um die Befestigung großer Anhäufungen von lockerem zerkleinertem Material, das auf den Halden der Tagebaue und Tiefbaue, in den Bergehalden der Aufbereitungsanlagen entstanden ist, usw.

In vielen Kohlenbecken (das macht sich besonders im Donbaß mit seiner dichten Besiedelung fühlbar) wurde der Bau der Übertageanlagen der Schächte ohne vorherige geomorphologische Untersuchung der Örtlichkeit durchgeführt. Die Gesteinshalden (Terrikone) wurden gewöhnlich in der Nähe der Schachtröhren angelegt. Hierbei wurden gute Ländereien mit Beschlag belegt. Jetzt haben sich die Halden so ausgedehnt, daß sie an einer Reihe von Stellen eine bestimmte Bedrohung der umliegenden Gebäude darstellen. Die gewaltigen Kegel der Terrikone geraten in Bewegung und verschütten die anliegenden Bauten und Felder. Die Selbstentzündung der Kohlenreste in den Terrikonen führt zur Verunreinigung der Atmosphäre. Es wäre richtiger, für die Lagerung der Halden tauber Gesteine Schluchten, Erosionsrinnen und andere geeignete Ländereien zu verwenden. Gegenwärtig werden bei der Projektierung von Bergbaubetrieben vorher die Stellen für die künftigen Halden ausgewählt, aber leider wird die Meinung der Geomorphologen hier gewöhnlich nicht berücksichtigt.

Auf eine ebenso schwierige wirtschaftliche Aufgabe stößt man bei der Lagerung der Berge der großen Aufbereitungsanlagen in Bergbaugebieten, z. B. in Armenien. Hier kommt man ebenfalls nicht ohne einen erfahrenen Geomorphologen aus, der Empfehlungen über die gefahrlose Verteilung der großen Bergemassen in den Tälern geben muß, besonders unter Berücksichtigung dessen, daß es sich um ein erdbeben- und eisstromgefährdetes Gebiet handelt.

Bei der Projektierung und dem Bau der großen Fernverkehrsstraßen, wobei es gewöhnlich von Aufschüttungen und Aushebungen wimmelt, ist die Beteiligung von Geomorphologen ebenfalls notwendig. Beim Bau von Kanälen, der Trassen von Straßen und Rohrleitungen in Sandwüsten hat neben allen sonstigen Angaben die Kenntnis der vorherrschenden Bewegungsrichtung der Sande gewaltige Bedeutung für die Bestimmung der möglichen Abschnitte von Straßen, Kanälen und Rohrleitungen, die den stärksten Sandverwehungen ausgesetzt sein können. Derartige Angaben können qualifizierte Geomorphologen geben, die sich als Sandkundler spezialisiert haben. Der Bau derartiger „linearer" Objekte unter anderen Naturbedingungen (in der Tundra, über Gebirge hinweg u. dgl.) bringt wiederum spezifische geomorphologische Aufgaben. Für das sachgemäße Verlegen der genannten Anlagen muß man die Richtung der Eisströme, die Lagen der lawinengefährdeten Zonen, der Zonen mit Thermokarstausbildung u. a. kennen. Bei der Projektierung des Baues und der Rekonstruktion von Städten oder einzelnen industriellen Anlagen müssen ebenfalls die geomorphologischen Verhältnisse der entsprechenden Örtlichkeiten berücksichtigt werden.

Besonders große Aufgaben müssen die Geomorphologen in Gebieten lösen, die wirtschaftlich erst erschlossen werden, in denen durch die wirtschaftliche Tätigkeit die natürlichen Gleichgewichte gestört werden können und sich unerwünschte Folgen an der Oberfläche entwickeln (z. B. Bauen an Meeresküsten, in Wüsten, unter den Verhältnissen des ewigen Frostes u. dgl.).

In Zukunft müssen in neuerschlossenen Gebieten nicht nur ingenieurgeologische und topographische Untersuchungen, sondern auch ingenieurgeomorphologische Untersuchungen durchgeführt werden.

Die Menschheit macht immer stärker die unerschlossenen Territorien der Erde bewohnbar: die Tundra, die Taiga, die Wüste, das Hochgebirge. Zu den vorhandenen Charakteristiken dieser Territorien muß man jetzt wissenschaftlich begründete Empfehlungen geben, wie man sie rationeller nutzen kann. Hier wird das erste Wort den Geomorphologen gehören, und für diese Tätigkeit muß man sie vorbereiten. Leider bereiten wir wenig Geomorphologen für die Lösung dieser praktischen Aufgaben vor.

Die praktische Anwendung der geomorphologischen Kenntnisse bei den ingenieurgeologischen Forschungen hat noch nicht jene Bedeutung gewonnen, die der Wucht der umgestaltenden Rolle der Menschheit auf der Erde entsprechen würde.

Wir meinen, daß die ingenieurgeomorphologische Richtung verstärkt werden muß; die Ingenieurgeomorphologie als Wissenschaft, welche die ingenieurgeomorphologische Begründung für die verschiedenen Bauwerke liefert, muß sich gestalten und entwickeln. In den Ingenieurforschungstrupps, die das Gebiet des künftigen Baues untersuchen, müssen neben den Geologen auch Geomorphologen arbeiten, die eine entsprechende ingenieurgeomorphologische Ausbildung haben. In den geologischen Hochschulen müssen ingenieurgeomorphologische Kader herangebildet werden, und in den Forschungsinstituten müssen wissenschaftliche Arbeiten über Ingenieurgeomorphologie durchgeführt werden.

Alle Erscheinungen, alle Komponenten der Natur befinden sich in enger Wechselbeziehung, gegenseitiger Durchdringung, gegenseitiger Bedingtheit und Abhängigkeit. Die Naturforscher haben nur die allgemeinsten Gesetzmäßigkeiten dieser natürlichen Zusammenhänge festgestellt. Die Einmischung des Menschen in den Gang der natürlichen Vorgänge stört die natürlichen Zusammenhänge. Wenn man sie nicht berücksichtigt, kann das zu vielen schädlichen Folgen führen. Die prognostische Berechnung der Veränderungen in den Naturvorgängen unter dem Einfluß der Einmischung des Menschen ist von außerordentlich wichtiger staatlicher Bedeutung.

Die wirtschaftliche Praxis kennt zahlreiche Beispiele, die zeigen, wie die Nichtberücksichtigung des Komplexes der natürlichen Wechselbeziehungen zu solchen schädlichen Folgen führte, deren Beseitigung viel teurer war als jene Vorzüge und jener ökonomische Effekt, die durch die Nutzung einer bestimmten Naturkomponente erhalten werden sollten. In der Presse wurden mehrfach die Folgen von Störungen der natürlichen Bilanz (des natürlichen Gleichgewichts) beschrieben, wo das Abholzen der Wälder, das Aufpflügen der Talhänge und Flußbauen zum Seichtwerden der Flüsse, zur Entwässerung der Örtlichkeit und zur Entwicklung von Trockenheit führten. Die Anlage von Dämmen, Stauseen und Bewässerungssystemen bewirkt in einer Reihe von Fällen Versumpfung oder Versalzung der Böden usw. Nicht wenige Beispiele von Störungen der natürlichen Gleichgewichte in der Tier- und Pflanzenwelt wurden angeführt. Weniger behandelt wurden Fragen der Störung der Gleichgewichte in der Erdkruste im Zusammenhang mit der Tätigkeit des Menschen. Diese Aufgabe werden vor allem die Geomorphologen lösen.

Die Menschheit befindet sich am Vorabend der Besiedelung des Ozeanbodens. Bereits heute verläuft die wirtschaftliche Erschließung des Schelfs im Zusammenhang mit der Erdöl- und Erdgasgewinnung, der Bau von Estakaden, Erdölbohrtürmen, untermeerischen Rohrleitungen u. dgl. erfolgreich. Für die erfolgreiche Erschließung des Meeresbodens muß man sich bereits jetzt mit seiner Geologie, vor allem mit seiner Geomorphologie befassen. Notwendig sind Spezialisten für die Geomorphologie des Meeres, erforderlich sind die entsprechenden Apparaturen für die geomorphologischen Meeresuntersuchungen, notwendig ist die Entwicklung von Untersuchungsmethoden und Theorien.

Einige allgemeine Fragen der Entwicklung der Geomorphologie und der Ausbildung geomorphologischer Kader

Wie aus dem oben Dargelegten folgt, steht die angewandte Geomorphologie vor großen und komplizierten Aufgaben. Die weitere Entwicklung der geologischen Erkundungsarbeiten und die Zunahme der Mineralrohstoffvorräte in immer wachsenden Mengen verlangen von den Geologen die Untersuchung von Lagerstätten, die nicht zutage ausgehen. Für diese geologischen Arbeiten bedarf es einer erheblichen Anzahl von Geomorphologen und Paläogeomorphologen.

Die Projektarbeiten und die ingenieurgeologischen Forschungen, im Zusammenhang mit der Entwicklung der wirtschaftlichen Tätigkeit des Menschen auf der Erde, fordern ebenfalls entsprechende ingenieurgeomorphologische Kader. Eine sehr wichtige Frage für die Anwendung der Geomorphologie in der Volkswirtschaft ist daher die Ausbildung von Kadern von Geomorphologen, die die geologischen Methoden beherrschen, und von Geomorphologen, die eine ausreichende Ingenieurausbildung für die Teilnahme an den Projekt- und Forschungsarbeiten aufweisen.

Eine der wichtigsten Fragen in der Entwicklung der Geomorphologie muß die Verbesserung der Ausbildung der geomorphologischen Kader sein. Ohne sich in eine Diskussion darüber einzulassen, wo die Ausbildung der Geomorphologen durchgeführt werden soll (auf den geologischen oder geographischen Fakultäten) und wohin die Geomorphologie einzustufen sei (zu den geographischen oder geologischen Wissenschaften), stellen wir lediglich fest, daß bei beliebigem Ausgang dieses Streits die Ausbildung der Geomorphologen, besonders der Paläogeomorphologen und der Spezialisten auf dem Gebiet der Ingenieurgeomorphologie, umgestellt werden muß. Die Geomorphologen müssen eine gediegene Ingenieur- und Geologenausbildung erhalten.

Die Geomorphologen müssen die Lithologie, besonders die Lithologie der kontinentalen Ablagerungen, die Mineralogie und Petrographie der Sedimentgesteine, die Baugrundkunde und die Ingenieurgeologie besser beherrschen. Sie müssen die Methoden der Schlich-, Gelände-, metallometrischen und geochemischen Untersuchungen kennen, einen Kursus über die Verwitterungskruste durchlaufen, eine ernsthafte geophysikalische Ausbildung haben, die Tektonik und Neotektonik kennen und hinreichende Vorstellungen über die endogene Geologie haben.

Gleichzeitig muß das Verhältnis seitens der Geologen, besonders der Erkundungsgeologen, zur Geomorphologie verändert werden. Die Geologen müssen selbst geomorphologisch besser ausgebildet werden und die Methoden der geomorphologischen Untersuchungen beherrschen. Wahrscheinlich muß man in Zukunft bei der Ausbildung der Geologen das Lehren der Geomorphologie verbessern. Man darf sie nicht als allgemeinbildende Disziplin vortragen, sondern für die Such- und Erkundungsgeologen ihre große praktische Bedeutung markanter demonstrieren, die Aufmerksamkeit auf die Paläogeomorphologie lenken und den synthetischen Charakter der geomorphologischen Kenntnisse, die sich nahezu auf alle geologischen Wissenschaften stützen, stärker zeigen.

Das falsche nihilistische Verhalten der Geologen zur Geomorphologie als zu einer rein geographischen Wissenschaft, die keine direkte Beziehung zur geologischen Suche habe, muß verworfen werden. Geomorphologie, Paläogeomorphologie und Ingenieurgeomorphologie werden bereits jetzt zu einem außerordentlich wichtigen Teil der geologischen Erkundungsarbeiten und der ingenieurgeologischen Forschungen.

Ernsthafter Verbesserung bedürfen auch die Organisationsformen der geomorphologischen Untersuchungen. Selbständige geomorphologische Zellen gibt es nur in wissenschaftlichen Institutionen; deshalb entwickeln sie vorwiegend theoretische Arbeiten. In den Organisationen des Ministeriums für Geologie der UdSSR und in den Forschungsprojektorganisationen anderer Ministerien haben die Geomorphologen keine selbständigen Gruppen, und ihre Arbeiten haben deshalb Hilfscharakter. Offensichtlich ist die Zeit gekommen, selbständige geomorphologische Expeditionen, Trupps und Abteilungen zu schaffen, die die Fragen der angewandten Geomorphologie lösen. Derartige geomorphologische Expeditionen könnten sich mit der ingenieurgeologischen Untersuchung einzelner Territorien befassen; geomorphologische Trupps könnten in den Expeditionen arbeiten, die das Aufsuchen und Erkunden von Seifen, Bauxiten u. dgl. durchführen.

Man muß die Beachtung auf die Ausrüstung der geomorphologischen Arbeiten lenken. Die moderne geomorphologische Forschung hat aufgehört, einfach eine visuelle Beobachtung zu sein. In der Geomorphologie werden immer mehr instrumentelle und exakte Untersuchungsmethoden verwendet. Mineralogische und granulometrische Analysen, Schlichuntersuchungen, petrographische Analyse der grobklastischen Partikel und die Isotopenanalyse wurden zum Bestandteil der Klärung der Genese kontinentaler Folgen — der Hauptobjekte der geomorphologischen Untersuchungen. Die geophysikalischen Untersuchungen dienen als Grundlage für die Erkenntnis der Form der zu untersuchenden Körper und des primären Bettes, das die einzelnen Folgen unterlagert. Sehr groß ist die Bedeutung der Luftaufnahme und des gesamten Komplexes der photogrammetrischen Arbeiten. Die geomorphologischen Forschungen werden von einer großen Anzahl Bohrungen begleitet. In immer breiterem Maße begann man stationäre genaue Beobachtungen der Schwankungen der Erdkruste durchzuführen.

Man muß die geomorphologischen Expeditionen, Trupps und Abteilungen mit der erforderlichen Ausrüstung und den entsprechenden Geräten ausstatten. Man muß mit wissenschaftlichen Apparaturen gut ausgerüstete Laboratorien für geomorphologische Untersuchungen in den territorialen geologischen Verwaltungen und wissenschaftlichen geologischen Organisationen schaffen.

Wir glauben, daß die Geomorphologie als Grenzwissenschaft zwischen Geologie und physischer Geographie eine große Zukunft hat, und wir dürfen annehmen, daß die Zeitschrift „Geomorphologie" die Entwicklung dieser interessanten und praktisch wichtigen Wissenschaft fördern wird.

Eine allgemeine Lösung für das Problem der quantitativen komplexen Interpretation geophysikalischer Meßergebnisse

GERALD PESCHEL, Greifswald

Das Problem der quantitativen Verknüpfung verschiedener Kategorien geophysikalischer Information für die Konstruktion eines detaillierten und adäquaten Abbildes des geologischen Untergrundes ist zu einem entscheidenden Faktor für die weitere Steigerung der Effektivität und Aussagefähigkeit geophysikalischer Untersuchungen im Prozeß der geowissenschaftlichen Erkundung herangereift. In der schnellen und umfangreichen Entwicklung der geophysikalischen Interpretationsmethodik, die in den letzten Jahren durch den Einsatz leistungsfähiger Rechenautomaten gefördert wurde, ist der Mangel an geeigneten Verfahren zur quantitativen komplexen Interpretation deutlich sichtbar geworden. Insbesondere fehlt es an geeigneten Methoden, mit denen der umfangreiche mathematische Apparat der geophysikalischen Interpretationstheorie mit den oft intuitiven bzw. heuristischen Lösungsmethoden des erfahrenen Interpretators verknüpft werden kann, damit komplizierte und oft nur qualitativ erfaßbare Sachverhalte und Beziehungen in den maschinellen Bearbeitungsprozeß einfließen können, ohne daß die Objektivität dieses Prozesses gefährdet ist.

Die Entwicklung solcher Methoden ist auf der Grundlage einer erkenntnis- und informationstheoretischen Analyse des geophysikalischen Erkundungsprozesses (G. PESCHEL & G. OLSZAK 1971 und auf der Grundlage einer systematischen heuristischen Untersuchung der Arbeitsweise erfahrener Interpretatoren prinzipiell möglich.

Ausgehend von einer erkenntnistheoretischen Analyse

Eingang des Manuskripts in der Redaktion: 9. 11. 1970.

des geophysikalischen Erkundungsprozesses (G. PESCHEL 1968) fassen wir den geologischen Untergrund U als eine Menge substantieller und struktureller Merkmale auf. Die Gesamtheit aller möglichen Werte dieser Merkmale bilden den geologischen Raum G (I. A. WORONIN u. a. 1967). In dem geologischen Untergrund eines bestimmten Untersuchungsgebiets sind jeweils nur bestimmte Wertekombinationen dieser Merkmale tatsächlich realisiert, d. h., U ist eine Teilmenge von G. Im Verlauf des Erkenntnisprozesses während der geowissenschaftlichen Erkundung von U konstruieren wir Modelle $M_i (i = 1, 2, 3, \ldots n)$ von U (d. h. abstrakte Abbildungen von U in unserem Bewußtsein oder Symbole dieser Abbildungen in Form von Karten, Profilen usw.), wobei diese M_i ebenfalls Teilmengen von G sind. Die Aufgabe der Erkundung besteht nun darin, dasjenige M_i zu finden, dessen Durchschnitt mit U ein Maximum bildet. Diese Aufgabe kann stochastisch folgendermaßen formuliert werden: Gesucht ist das Maximum der Wahrscheinlichkeitsverteilung $P\{M_i = U\}$. Das diesem Maximum entsprechende Modell M_i ist das wahrscheinlichste Abbild des realen Untergrundes.

Die Modellbildung im Bewußtsein des erkundenden Kollektivs erfolgt auf der Grundlage allgemeiner Modellvorstellungen, die sich — oft unbewußt — in der individuellen und kollektiven Entwicklung der erkundenden Wissenschaftler herausgebildet haben, d. h. auf der Grundlage der Kenntnisse, Erfahrungen und Fähigkeiten des Kollektivs. Die speziellen Züge erhalten die M_i dabei jedoch durch die Auswertung der Informationsmenge J, die durch bewußte Tätigkeit des Menschen im Erkundungsprozeß erlangt wird.

Wenn wir zunächst annehmen, daß U die ausschließliche Quelle der Informationsmenge J ist, dann kommen als wahrscheinliche Modelle M_i nur solche in Frage, die selbst in der Lage sind, die beobachtete Informationsmenge J zu produzieren. Demnach kann die Aufgabe der Erkundung wie folgt präzisiert werden: Es ist das Maximum der Verteilung $P\{M_i = U/J\}$ aufzufinden.

Betrachten wir $P\{M_i = U\}$ als a-priori-Verteilung der Wahrscheinlichkeit für die Identität der Modelle M_i mit U vor dem Empfang der Informationsmenge J (aber unter Berücksichtigung der „Vorkenntnisse" über das Untersuchungsgebiet vor dem Beginn der Erkundungstätigkeit) und betrachten wir die Verteilung $P\{M_i = U/J\}$ als a-posteriori-Verteilung nach Abschluß der Erkundungstätigkeit bzw. des Interpretationsprozesses, dann erhalten wir für diese unbekannte Verteilung nach dem Satz von BAYES:

$$P\{M_i = U/J\} = \frac{P\{M_i = U\} \cdot P\{J/M_i = U\}}{\sum_{j=1}^{l} P\{M_{ij} = U\} \cdot P\{J/M_{ij} = U\}} \tag{1}$$

Darin ist l die Anzahl der möglichen Hypothesen über jedes M_i. Dieser Ausdruck enthält nun als Unbekannte die Verteilung $P\{J/M_i = U\}$, d. h. die Verteilung der Wahrscheinlichkeit, mit der die Modelle M_i die Informationsmenge J produzieren.

Damit ist das Problem des Auffindens des wahrscheinlichsten Modells des Untergrundes auf die Lösung der direkten Aufgabe der Erkundungstheorie (L. A. CHALFIN 1958) reduziert.

Bei der rein geologischen Erkundung, d. h. zum Beispiel durch die Untersuchung des aus Tiefbohrungen gewonnenen Gesteinsmaterials, ist J eine Teilmenge von U, da auf direktem Wege substantielle und strukturelle Merkmale ermittelt werden. Die Modellbildung erfolgt unter Berücksichtigung der erkannten allgemeingültigen geologischen Gesetzmäßigkeiten durch den Schluß aus der Teilmenge der Parameterwerte auf die Gesamtmenge. Eine hier nicht weiter auszuführende Anwendung von (1) weist auf die Möglichkeit der Entwicklung eines Algorithmus zur Interpretation geologischer Informationen unter Verwendung der Monte-Carlo-Methode hin.

Bei der geophysikalischen Erkundung ist J eine Transformation einer Teilmenge von U. Auf Grund allgemeingültiger physikalischer Gesetzmäßigkeiten werden die substantiellen und strukturellen Merkmale des Untergrundes U auf das geophysikalische Feld F abgebildet, das in seiner Gesamtheit die geophysikalische Information enthält. Durch die geophysikalischen Messungen ermitteln wir ein Abbild F' des realen geophysikalischen Feldes, das eine Teilmenge der geophysikalischen Information enthält, sowie zusätzlich eine bestimmte Menge von Störinformationen.

Die Information von F' besteht ihrerseits wieder aus verschiedenen Teilmengen F_k', die den verschiedenen Kategorien der physikalischen Felder, wie z. B. Schwerefeld, seismisches Wellenfeld usw., entsprechen und denen jeweils wieder bestimmte Teilmengen der Störinformation überlagert sind. Damit kann nun die Aufgabe der geophysikalischen Erkundung bzw. für den Fall, daß die Informationsmenge bereits vorhanden ist, die Aufgabe der geologischen Interpretation geophysikalischer Meßergebnisse analog zu den vorangegangenen Ausführungen folgendermaßen formuliert werden:

Die Aufgabe der Komplexinterpretation besteht in der Ermittlung des Maximums der Verteilung $P\{M_i = U/F'\}$, und die Aufgabe der Interpretation der Ergebnisse eines einzelnen Meßverfahrens ist davon eine Teilaufgabe und besteht in der Bestimmung des Maximums der Verteilung $P\{M_i = U/F_k'\}$. Die Abbildung des geologischen Untergrundes U auf das geophysikalische Feld F ist eine nicht eindeutige Abbildung, weil die verschiedenen substantiellen und strukturellen Merkmale des Untergrundes unabhängig voneinander das geophysikalische Feld beeinflussen. Diese Abbildung ist demnach nicht umkehrbar, und wir greifen auf die Anwendung von (1) zurück:

$$P\{M_i = U/F'\} = \frac{P\{M_i = U\} \cdot P\{F'/M_i = U\}}{\sum_{j=1}^{l} P\{M_{ij} = U\} \cdot P\{F'/M_{ij} = U\}} \tag{2}$$

Darin ist $P\{M_i = U\}$ wieder die Verteilung der a-priori-Wahrscheinlichkeit der geologischen Modelle vor Beginn des betrachteten Erkundungs- bzw. Interpretationsabschnitts. Die Verteilung $P\{F'/M_i = U\}$ betrifft die Wahrscheinlichkeit, die das Beobachten des tatsächlichen gemessenen Feldes F' besitzt, wenn die Modelle M_i realisiert sind.

Bevor aus (2) nun ein Ausdruck gewonnen werden kann, der eine praktische Anwendung für die quantitative Verknüpfung der in allen F_k' enthaltenen Information zur Komplexinterpretation ermöglicht, sind drei für die Lösung des Problems entscheidende Sätze zu diskutieren:

1. $n < \infty$, d. h., die Anzahl der geologischen Modelle, die sich mit dem beobachteten geophysikalischen Feld vereinbaren lassen, ist endlich. Dieser Satz widerspricht scheinbar dem als Äquivalenzprinzip bekannten Satz, nach dem eine beliebige Feldverteilung durch unendlich viele äquivalente Quellenverteilungen verursacht werden kann. Dieser Satz ist jedoch nur dann richtig, wenn diejenigen substantiellen und strukturellen Parameter, die die Feldverteilung bestimmen, ihrerseits eine unendliche Zahl von Werten annehmen können. Nun ist es aber in jedem Falle möglich, für diese Parameter Intervalle anzugeben, die mit sehr hoher Wahrscheinlichkeit alle Werte einschließen, die diese Parameter annehmen können. Diese Angaben gehen in die a-priori-Verteilung $P\{M_i = U\}$ ein. Innerhalb dieser Intervalle ist ebenfalls keine unendliche Anzahl von Werten dieser Parameter denkbar, da die unterscheidbare Differenz der substantiellen und strukturellen Merkmale der verschiedenen M_i eine bestimmte Grenze, die von der zur Verfügung stehenden Informationsmenge abhängt, nicht unterschreiten kann.

2. $P\{F'/M_i = U\} = P\{F'/F_i^*\}$, wobei F_i^* die Abbildungen der Modelle M_i auf das geophysikalische Feld sind. Mit diesem Satz wird postuliert, daß die Wahrscheinlichkeit dafür, daß ein beliebiges Modell M_i das Feld F' verursacht, gleich ist der Wahrscheinlichkeit dafür, daß wir das Feld F' beobachten, wenn die Abbildung F_i^* von M_i objektiv real vorhanden ist. Dieses Postulat erfordert die Existenz eines eindeutigen deterministischen Zusammenhangs zwischen M_i und F_i^*. Diese Bedingung ist erfüllt; denn jede beliebige Quellenverteilung verursacht nur eine ganz bestimmte Feldverteilung. Wenn dieser Zusammenhang zwischen den M_i und den F_i^* hinreichend und ausführlich bekannt ist — die Theorie der Lösung der direkten Aufgabe entspricht nach Meinung des Verf. gegenwärtig noch nicht vollkommen den notwendigen Anforderungen —, können stets die M_i durch die entsprechenden F_i^* ersetzt werden, wenn die durch die M_i bedingte Verteilung von F' ermittelt werden soll. Allerdings muß noch eine weitere, das Rauschen betreffende Bedingung erfüllt sein: Die nicht aus dem Untergrund kommende Störinformation muß einem Zufallsprozeß entspringen.

3. $P\{F'/M_i = U\} = \prod_{k=1}^{m} P\{F_k'/M_i = U\}$, d. h., die Wahrscheinlichkeit dafür, daß das geophysikalische Feld in seiner Gesamtheit durch ein bestimmtes Modell M_i verursacht wird, ist gleich dem Produkt aller Wahrscheinlichkeiten dafür, daß die einzelnen physikalischen Felder F_k' (z. B. Schwerefeld, seismisches Wellenfeld usw.) durch das Modell M_i verursacht werden. Diese Beziehung ergibt sich unmittelbar aus dem Multiplikationssatz der Wahrscheinlichkeitstheorie, wenn angenommen werden kann, daß die einzelnen physikalischen Felder F_k' nur von den M_i abhängen, aber nicht voneinander abhängig sind. Diese Voraussetzung ist bei den meisten geophysikalischen Verfahren erfüllt.

Wenn wir die bisherigen Ergebnisse nun zusammenfassen, kann festgestellt werden, daß die Aufgabe der Komplexinterpretation darin besteht, dasjenige M_i zu ermitteln, das dem Maximum der folgenden Wahrscheinlichkeitsverteilung entspricht:

$$P\{M_i = U/F'\} = \prod_{k=1}^{m} \frac{P\{M_i = U\} \cdot P\{F_k'/F_{ik}^*\}}{\sum_{j=1}^{l} P\{M_{ij} = U\} \cdot P\{F_k'/F_{ijk}^*\}} \tag{3}$$

Darin ist m die Anzahl der zur Komplexinterpretation verwendeten Teilfelder. Da über jedes Modell M_i nur zwei Hypothesen aufgestellt werden können, nämlich $M_i = U$ und $M_i = \sim U$ ($\sim$ bezeichnet die Negation), gilt wegen $P\{M_i = \sim U\} = 1 - P\{M_i = U\}$:

$$P\{M_i = U/F'\} = \prod_{k=1}^{m} \left[\frac{P\{M_i = U\} \cdot P\{F_k'/F_{ik}^*\}}{P\{M_i = U\} \cdot P\{F_k'/F_{ik}^*\} + (1 - P\{M_i = U\}) \cdot P\{F_k'/\sim F_{ik}^*\}}\right] \tag{4}$$

Nach weiterer Umformung ergibt sich schließlich

$$P\{M_i = U/F'\} = \prod_{k=1}^{m} \left[\frac{P\{M_i = U\} \cdot Q_{ik}}{P\{M_i = U\} \cdot Q_{ik} + (1 - P\{M_i = U\})}\right] \tag{5}$$

mit

$$Q_{ik} = \frac{P\{F_k'/F_{ik}^*\}}{P\{F_k'/\sim F_{ik}^*\}} \tag{6}$$

Das Problem der Interpretation, einschließlich der Komplexinterpretation, wird auf diese Weise in ein Problem der Signalerkennung übergeführt.

Es kann nachgewiesen werden, daß der mit Gleichung (5) vorgelegte allgemeine Lösungsansatz die Lösungsmethoden, die auf der Methode der kleinsten Quadrate (H. LINSSER 1967, E. G. BULACH 1970) und auf der Berechnung von Korrelationskoeffizienten (L. A. LJACHOW & G. A. SOLOW 1969) basieren, als Spezialfälle enthält.

Er ermöglicht den Entwurf von Algorithmen, die weitgehend automatisierte Systeme für die quantitative komplexe Interpretation aller verfügbaren geophysikalischen Ergebnisse begründen können.

Zusammenfassung

Es wird ein Lösungsweg für die durchgängig stochastische Formulierung des Problems der quantitativen komplexen Interpretation geophysikalischer Meßergebnisse vorgelegt, der die Konstruktion automatisierter Systeme für die Komplexinterpretation ermöglicht.

Резюме

Предлагается путь решения полностью стохастической формулировки проблемы качественной комплексой интерпретаций результатов геофизического измерения, делающий возможным конструкцию автоматических систем для комплексной интерпретации.

Summary

A method is presented for solving the entirely stochastic formulation of the problem of quantitative complex interpretation of geophysical measuring results. It enables automated systems to be constructed for the complex interpretation.

Literatur

BULACH, E. G.: Rastschet elementow saleganija geologitscheskich tel po grawitazionnym anomalijam s pomoschtschju ezwm. – Geofis. sbornik AN USSR, Nr. 38, 3–7 (1970).

CHALFIN, L. A.: Informationstheorie der Interpretation geophysikalischer Untersuchungen. – Dokl. AN SSSR, 6, 1007–1010 (1958).

LINSSER, H.: Investigation of tectonics by gravity detailing. – Geoph. Prospecting, 3, 480–515 (1967).

LJACHOW, L. A., & G. A. SOLOW: Korreljazionnyj sposob kompleksnoj interpretazii materialow geofisitscheskich issledowanij pri poiskach redkometallitscheskich mestoroshdenij. – Geol. i. rasw., 8, 75–79 (1969).

PESCHEL, G.: Methodische Probleme geophysikalischer Untersuchungen in der Feldarchäologie. – Unveröff. Diss. Karl-Marx-Univ., Leipzig 1968.

PESCHEL, G., & G. OLSZAK: Entwurf einer allgemeinen Theorie der Interpretation geophysikalischer Untersuchungen. – Z. angew. Geol., 17, 6, S. 213–220, Berlin 1971.

WORONIN, I. A., B. K. ALABIN & S. B. GOLDIN: Geologie und Mathematik. – Nowosibirsk 1967.

Eine Methodik zur Aussonderung fossiler Riffe

Erläutert am Beispiel paläozoischer Ablagerungen des unteren Wolgagebiets

W. G. KUSNEZOW, UdSSR

Das Aufsuchen fossiler Riffe und ihre Aussonderung sind außerordentlich kompliziert. Das ist u. a. daran zu erkennen, daß „die Mehrzahl der Rifflager zufällig oder beim Aufsuchen von Fallen anderer Typen entdeckt wurde“ (LEVORSEN 1956). Die Untersuchung der Lithologie rezenter und fossiler Riffe zeigt, daß der Nachweis von Riffen mit den gleichen lithologischen und faunistischen Methoden in der Regel nicht möglich ist, weil in der Mehrzahl der Fälle die Gesteine keine oder nur in unbedeutendem Grade bioherme Strukturen besitzen. Die die Riffe zusammensetzenden Gesteine ähneln häufig den normalen Flachwasserkalken; das gilt insbesondere für die weitverbreiteten mikrokörnigen und klastischen Kalksteine (DUNBAR u. a. 1957; NALIWKIN 1956; RAWIKOWITSCH 1954, 1960; RAUSER-TSCHERNOUSOWA 1950; LADD u. a. 1953 u. a.). Einen wesentlichen Einfluß auf den Habitus der Riffbildungen üben die sekundären Umwandlungen aus. Bisweilen bildet sich durch Umkristallisation und Dolomitisierung der Primärhabitus der Riffgesteine fast völlig um (KUSNEZOW 1966; LEVORSEN 1956; TWENHOFEL 1936; GRABAU 1960; NEWELL u. a. 1953; PARKINSON 1957; SCHWARZACHER 1961; WARING u. a. 1950 u. a.). Wegen der Vielfältigkeit lithologischer Typen in der Riffanlage ist es üblich, von einem „Riffkomplex“ zu sprechen (HENSON 1950).

Zweifellos gibt es unveränderte oder wenig veränderte Riffe mit vorherrschend biohermen Strukturen, wie z. B. die sarmatischen Bryozoenriffe der Halbinsel Kertsch. Ein vereinzeltes Auftreten biohermer Strukturen charakterisiert jedoch nicht unbedingt die Riffnatur der Gesteine, da innerhalb der gewöhnlichen Flachmeerablagerungen zahlreiche Ansammlungen von Organismenresten bekannt sind (darunter auch Riffbauer in Lebensstellung), die Schichtbiostrome unter solchen tektonischen und geomorphologischen Verhältnissen bilden, die für die Formierung eines Riffs oder Bioherms (= hügelähnliche Bildung, die sich über den Boden des Beckens erhebt) ungünstig sind. So hat die weitverbreitete Ansicht über die lithologische Spezifik der Riffazies, insbesondere über das Vorherrschen biohermer Kalksteine (speziell der Korallenkalke), offenbar keine universelle Bedeutung. Gleichzeitig kann man gewisse Besonderheiten der Riffe nicht bestreiten: den massigen Charakter der Gesteine, das Fehlen einer Schichtung, die Fleckentextur, das Vorhandensein von klastischen und brekziösen Varietäten (besonders an der Riffflanke), die hohe Kavernosität, die Entwicklung von Krustationsstrukturen, die starke Umkristallisation und die häufige Dolomitisierung, die Ungleichmäßigkeit der Verteilung des Materials im Riffkörper, den Reichtum an Organismen in Lebensstellung u. a. m.

Wenn man berücksichtigt, daß das Auffinden von fossilen Riffen vielfach durch Bohrungen erfolgt, wobei das Gesteinsmaterial lediglich in einzelnen isolierten Kernen kleinen Durchmessers vorliegt, die hauptsächlich dichte, nichtbioherme Gesteinsvarietäten darstellen, ist die Bestimmung des Riffcharakters durch die lithologische Untersuchung außerordentlich schwierig, häufig sogar unmöglich. Bei der Aussonderung von Riffen muß daher ein Komplex geologischer Daten verwendet werden: die Bestimmung der Morphologie des Riffkörpers und der faziellen Beziehungen der ihn aufbauenden Gesteine zu denen seiner Umgebung, die lithologische, faunistische und floristische Charakteristik, die Klärung der Veränderungen in den Mächtigkeiten und in der Fazies des Deckgebirges über dem Riffkörper sowie die Feststellung von Strukturbesonderheiten der liegenden und hangenden Gesteine. Wesentliche Hilfe leistet auch die Interpretation der geophysikalischen Vermessungen. Dabei ist der Ablauf der Aussonderung von Einzel- und Barriereriffen etwas unterschiedlich.

Einzelriffe

Die Einzelriffe sind hügelartige Körper, die sich wegen ihrer großen Sedimentationsgeschwindigkeit über den Boden des Beckens erheben. Im geologischen Profil ist die Mächtigkeit der Riffgesteine größer als

Aus: „Geologija i raswedka“, Nr. 12/1969, S. 13–22.
Übers.: H. PATZE, ZGI, Berlin.
Wiss. Bearb.: W. LINDERT, ZGI, Berlin.

[1]) Die Abbildungen 2 und 5 des Originalbeitrages konnten von uns drucktechnisch nicht reproduziert werden. Sie sind Seite 17 (Abb. 2) und Seite 21 (Abb. 5) des russischen Originals zu finden. Im deutschen Text wurden daher auch die entsprechenden Hinweise auf die Abbildungen 1–5 genauso wie im russischen belassen! Die Redaktion

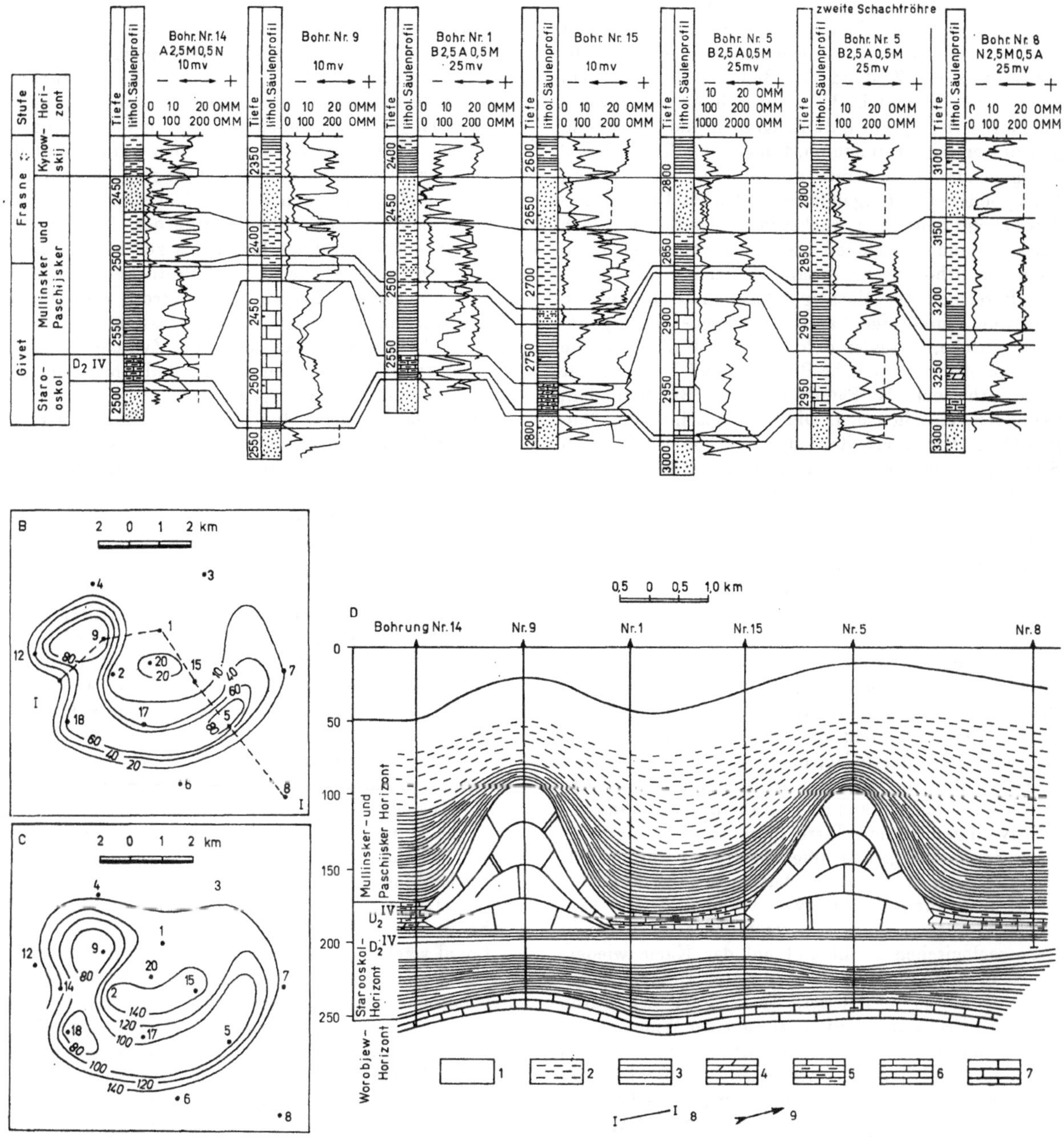

Abb. 1. Das Starooskol-Riff des Ljubimowfeldes

A = Schema der Gegenüberstellung der geoelektrischen Profile; B = Mächtigkeitskarte der Schicht D_2-IV; C = Mächtigkeitskarte der Mullinsker-Paschijsker Ausfüllungsfolge; D = lithologisch-fazielles Profil entlang der Linie I – I

1 – Sandsteine; 2 – Aleurolithe; 3 – Tone; 4 – Mergel; 5 – feingeschichtete, tonige Depressionskalksteine und -dolomite; 7 – massige Riffkalksteine und -dolomite; 8 – Richtung des Profils; 9 – Windrichtung

(In Abb. 1 A lies anstelle von OMM überall Ωm.)

die der umgebenden gleichaltrigen Ablagerungen. Wenn erwiesen ist, daß sich der hügelartige Karbonatkörper während seiner Bildung über den umgebenden Boden erhoben hat und kein Relikt älterer Gesteine darstellt, so kann man mit ziemlicher Sicherheit eine organogene Entstehung annehmen. Die gegenwärtige lithologische Beschaffenheit spielt dabei keine Rolle. Bedingung ist jedoch, daß abiogene Prozesse auszuschließen sind, die geeignet wären, aus karbonatischem Material eine große lokale Akkumulationsform zu schaffen, die der Tätigkeit von Wellen und Strömungen Widerstand leistet. In der weiteren Entwicklung wird das Riffrelief ausgeglichen: Die Schichtenfolgen der Ausfüllung haben gewöhnlich ein deutlich regressives Gepräge; ihre Mächtigkeit über dem Riff ist minimal, in den Zonen zwischen den Riffen maximal. Charakteristisch für einen solchen Bildungstyp dürften die Riffe des Starooskol-Horizonts im Givet des Gebiets von Saratow sein. (Durch Bohrungen ist es meist nicht möglich festzustellen, ob der gegebene organogene Bau das Niveau des Wellenbrechers erreichte, d. h. ob er ein Riff war, oder ob er es nicht erreichte und einen untermeerischen Hügel darstellt, der in fossilem Zustand ein Bioherm bildete.) Sein oberer Teil (Schicht D_2-IV) baut sich aus stellenweise dolomitisierten, grauen, dunkelgrauen und schwarzen, pelitomorphen, bituminösen, tonigen, häufig in Mergel übergehenden Kalksteinen auf, die eine Ostracoden-, Pelecypoden- und Lingulafauna enthalten. DieMächtigkeit beträgt 5 bis 15 m, wächst in einigen Fällen jedoch stark an und erreicht 80 bis 85 m, wobei sich dann auch die lithologische Zusammensetzung ändert. In den Bereichen der Mächtigkeitszunahme dominieren hellgraue, feinkörnige, häufig organogene und organogenklastische, bisweilen dolomitisierte Kalksteine. Sie besitzen oftmals eine hohe Porosität und Kavernosität und enthalten als Faunenelemente Brachiopoden, Crinoiden, Korallen u. ä. Die lithologischen und ökologischen Besonderheiten des Karbonatpakets im Starooskol-Horizont weisen in der Zone der Mächtigkeitszunahme auf eine Entstehung unter Flachmeerverhältnissen hin. Das läßt nach einigen Autoren (BALAJEW 1961, DOLITZKIJ 1966, MASCHKOWITSCH u. a. 1962) neben den großen Mächtigkeiten und der isolierten Lagerung, der Morphologie, den faziellen Beziehungen und der paläogeographischen Position (Verbreitung auf den am stärksten gehobenen Abschnitten des Bodens des relativ tiefen Starooskol-Beckens) die organogene Natur dieser Bildungen, d. h. ihren Riffcharakter, erkennen. Es wird mit Recht darauf verwiesen, daß die Karbonatmassive keine Erosionsrelikte darstellen, da sich bei der Abtragung keine Relikte auf den am meisten gehobenen Abschnitten erhalten konnten, während im gesamten relativ abgesunkenen Territorium nicht weniger als 80 m Sedimente gleichmäßig abgetragen wurden. Als Beispiel ist in Abb. 1A die Aussonderung eines Riffkörpers aus dem Ljubimowgebiet nach Daten geophysikalischer Messungen gezeigt und seine Form in dem geologischen Profil und auf der Karte wiedergegeben (Abb. 1B, D). Die genannten Daten für den Riffkörper sind spezifiziert. Er zeichnet sich durch eine relativ schwache Differenzierung der Widerstandskurve und einen starken negativen Ausschlag des Eigenpotentials aus, was den massigen Charakter der Karbonatgesteine und ihren niedrigen Gehalt an tonigen Beimengungen unterstreicht (Abb. 1A, Brg. 5 u. 9). Die Mächtigkeitslinien des Karbonatpakets (Abb. 1B) bilden das Riff in der originellen Form eines Halbmonds ab, der mit der gewölbten Seite nach S, also zum Gebiet der regionalen Mächtigkeitszunahme der Starooskol–Mullinsker Ablagerungen gerichtet ist. Das läßt vermuten, daß dort der tiefere Teil des Beckens lag und Wind und Brandung von dort her Sauerstoff und Nährstoffe heranbrachten.

Auf dem Karbonatpaket des Starooskol-Horizonts lagern konkordant die terrigenen Ablagerungen des Mullinsker und Paschijsker Horizonts, die die Senken des Riffreliefs ausfüllen. Ihre Mächtigkeit über dem Riff ist minimal, in den Zonen zwischen den Riffen jedoch relativ groß (Abb. 1A, B, C). Im lithologisch-faziellen Profil (Abb. 1D), bei dessen Konstruktion das Liegende des Karbonatpakets des Starooskol-Horizonts (Schicht D_2-IV) bedingt als Einebnungsfläche angenommen wurde, ist zu ersehen, daß die Mullinsker–Paschijsker Ablagerungen das Relief nicht völlig nivellieren, sondern daß das Hangende der ausfüllenden Schichtenfolge über dem Riff etwas höher liegt als in den Zwischenriffzonen. Die Differenz der Marken ist jedoch erheblich geringer als im Liegenden der Folge. Dieser Umstand erklärt sich wahrscheinlich aus der nachfolgenden Tonverdichtung, die sich in der Zwischenriffzone bei den größten Mächtigkeiten stärker auswirkte als über dem Riffkörper. Im unteren Teil der Ausfüllungsfolge lagern bis zur feinen Fraktion geschlämmte Tone, die im Profil nach oben in tonige Aleurolithe übergehen. Das Profil wird durch Sandsteine abgeschlossen. Der regressive Charakter der Schichtenfolge drückt sich in der Zwischenriffzone aus und ist deutlich in den geophysikalischen Kurven festzustellen (Abb. 1A, Brg. 1, 8, 14).

Ein anderes Beispiel für ein Einzelriff, das sich in einer anderen Klimazone befindet und von hydrochemischen Sedimenten überdeckt wird, ist das Riff des Unteren Perms im Jushno–Umet-Abschnitt des Gebiets von Wolgograd (KUSNEZOW u. a. 1967). Die Asselsker, Sakmarsker und der untere Teil der Artinsker Ablagerungen sind hier durch organogene kristalline Knollenkalksteine vertreten, die in unterschiedlichem Maße dolomitisiert und lokal sulfatisiert sind. Sie enthalten kleine Foraminiferen. Eine wichtige Besonderheit sind die Konstanz der Mächtigkeiten und die ungestörte Schichtung, was darin zum Ausdruck kommt, daß einzelne auch geringmächtige Schichten ohne wesentliche Veränderungen auf große Entfernungen zu verfolgen sind. Die Widerstands- und Eigenpotentialkurven sind differenziert und erlauben eine weite Korrelation (Abb. 2)[2]. Eine sichere Korrelation über große Entfernung hin ist allgemein charakteristisch für monofazielle marine Ablagerungen. Das ist besonders für das Oberkarbon und den oberen Teil des Mittleren Karbons im gleichen Gebiet ersichtlich (Abb. 2).

Lokal wächst die Mächtigkeit dieser Schichtenfolge auf 30 bis 50 m an. Gleichzeitig ändert sich auch ihre lithologische Zusammensetzung etwas. Hier treten massive, sekundär kavernöse Dolomite mit einer charakteristischen Inkrustation der Kavernen durch Dolomitrhomboeder und fleckig dolomitisierte organogene und biomorphe Algenkalksteine auf. Eine schichtenweise Korrelation mit den umgebenden Ablagerungen gelingt nicht: Die Kurven der geophysikalischen Messungen, besonders die SP-Kurve, sind nur schwach differenziert. Die lokale Mächtigkeitszunahme, die Veränderung der Lithologie des Faunenkomplexes und des Charakters der Schichtungen lassen sich als Riffmerkmale deuten. Die Faziesänderung vom Riff zu den Zwischenriffzonen ist weniger kräftig als im Starooskol-Horizont, in dem die Erhebung des Riffs über den Beckenboden 70 bis 90 m erreichte. Bei derartigen Niveauunterschieden müßte die Zwischenriffazies toniger, bituminöser und dunkelfarbiger sein. Das Riff des Unteren Perms erhob sich jedoch im allgemeinen 30 m, maximal 50 m über den Meeresboden. Daher sind die Faziesunterschiede weniger bedeutend. In den Zwischenriffablagerungen kommen

[2]) Siehe Fußnote [1])

Tonzwischenlagen vor. Die ökologischen Verhältnisse sind weniger günstig als im Riffbereich selbst (insbesondere die Lichtverhältnisse), so daß die Fauna nur durch einige Kümmerformen von Foraminiferen vertreten ist.

Die das Riff überdeckenden Anhydrit-Dolomit-Ablagerungen des Oberen Artinsk und des Filippow-Horizonts (Kungur-Stufe) umhüllen das Relief. Die Irenfolge gleicht es aus, wobei sich Mächtigkeitsschwankungen von 200 m über dem Riff auf 240 bis 260 m im übrigen Teil des Feldes ergeben. Für das gegliederte Relief des Beckenbodens ist ebenfalls eine Veränderung der Lithologie der Gesteine der Irenfolge nachweisbar. Zu Beginn der Irenzeit erfolgte über dem Riff, wo das Wasser des Beckens schneller durchwärmt wurde und sich mehr Salze lösten, auch eine intensivere Ausfällung von Kalziumsulfaten. Daher beträgt die Mächtigkeit des unteren Anhydritpakets der Irenfolge hier 60 bis 70 m gegenüber 25 bis 30 m im übrigen Teil des Feldes. Während der mittleren Irenzeit, als die Salinität des Beckens Höchstwerte erreicht hatte, ging die Halitsedimentation am aktivsten in den Senken des Reliefs vor sich. Die Salzmächtigkeit erreicht hier 20 bis 120 m gegenüber 20 m über dem Riff. Zu Ende dieser Zeit war das Relief ausgeglichen, und das obere Anhydritpaket besitzt praktisch konstante Mächtigkeit.

Barriere- und Randriffe

Die Barriere- und Randriffe stellen eine Kette von Einzelriffen dar, die sich am Rand des Abhangs zwischen den Flachmeergebieten und den tiefen Teilen des Meeres bilden. Ein starkes Gefälle und das Vor-

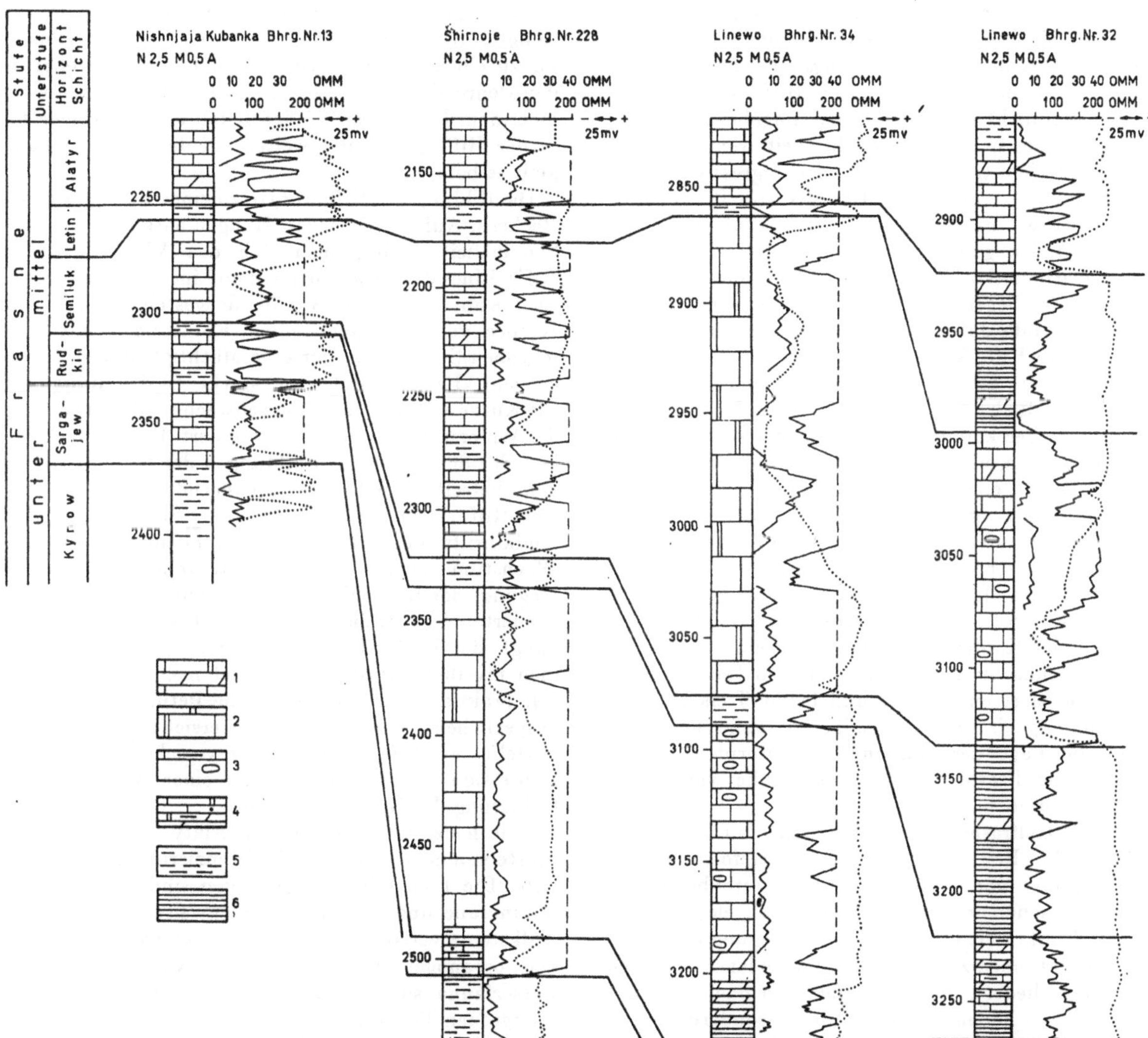

Abb. 3. Schema der Gegenüberstellung der Profile des unteren Teils der Frasne-Ablagerungen am Westrand der Kamyschinsenke

1 – helle normalgeschichtete Kalksteine, Dolomite und Mergel; 2 – helle ungeschichtete massive Kalksteine und Dolomite; 3 – grobgeschichtete Kalksteine, klumpig und tonig; 4 – schwarze und dunkelgraue feingeschichtete tonige und bituminöse Kalksteine, Dolomite und Mergel; 5 – graue, grüngraue und dunkelgraue Tone und Argillite; 6 – schwarze und dunkelgraue Tonschiefer

(Anstelle von OMM lies überall Ωm.)

handensein großer Tiefen im Becken haben bestimmende Bedeutung für die Bildung eines ausgedehnten Systems von Riffen, unabhängig von den Abmessungen des Beckens. Die Aussonderung der Riffe dieses Typs ist komplizierter als die der Einzelriffe, da sie mit einer Seite an die ähnlichen karbonatischen Ablagerungen der Flachsee angrenzen. Die erhöhten Mächtigkeiten der Karbonatgesteine und die Morphologie der Riffkörper helfen das Vorhandensein von Barriere- und Randriffen sowie den faziellen Übergang von den Riffgesteinen zu den Vorriff-, Hang- und Tiefseesedimenten festzustellen. Die Veränderungen in der Mächtigkeit und Lithologie der abdeckenden Schichten sind ebenfalls äußerst kompliziert. Die Ausfüllungssedimente können unmittelbar auf dem Riff liegen, dann ändern sich ihre Mächtigkeit, die stratigraphische Vollständigkeit, der lithologische und fazielle Charakter luvseitig in Richtung auf die Depression hin. Über den Faziesbildungen an der Leeseite des Riffs sind sie schwach oder überhaupt nicht entwickelt. Zwischen den Ausfüllungsschichten und dem stratigraphischen Komplex, der Riffe enthält, befinden sich nicht selten das Relief umgebende Schichtenfolgen, die sich in der Mächtigkeit wenig ändern. In den Serien transgressiver oder regressiver Riffe (Link 1950) werden die Riffkörper von Beckensedimenten bzw. nichtriffogenen Flachseeablagerungen überdeckt. Die gesetzmäßige Verschiebung der mächtigen Karbonatkörper in Zeit und Raum sowie der Habitus der liegenden und hangenden Ablagerungen helfen ebenfalls dabei, die Riffe auszusondern.

Derartige Riffe kann man am Beispiel der Frasne-Ablagerungen am Westrand der Kamyschin-Senke studieren (Busch u. a. 1967). Diese Senke stellt eine Bucht mit der komplizierten Form der weiträumigen Kaspisyneklise, über die sie mit der Uralgeosynklinale verbunden ist, dar. Von der Verbindung mit der Uralgeosynklinale zeugt insbesondere das Vorkommen einer Fauna vom Uraltyp an den Hängen der Senke, während einige Kilometer westlich davon, innerhalb des Schelfs, die Fauna bereits den Habitus der zentralen Bezirke besitzt (Karpow 1962). Außerdem lassen die Tiefseefazies in der Kamyschin-Senke vermuten, daß sich die Kaspisyneklise im Devon oder in einem Teil desselben unkompensiert entwickelte und in ihr Tiefseeablagerungen möglich sind. Die paläogeographische Situation, die Lage der Riffe und die Morphologie des Bodens der Frasne-Becken dieser Senke wurden bereits beschrieben.

Das Mittelfrasne ist charakterisiert durch kräftige tektonische Bewegungen, in deren Gefolge es zur Entwicklung von unkompensierten Durchbiegungen kam, die schon in der Sargajewzeit angelegt waren. In der Rudkinzeit nimmt die Durchbiegung innerhalb der Depressionen zu, das Relief des Bodens wird noch stärker gegliedert, und am Abfall vom flacheren zum tieferen Meer bilden sich Riffe. Die Aussonderung eines dieser Riffe, das von Brg. 228 des Shirnowfeldes erschlossen wurde, und der Charakter seiner Beziehungen zu den Nebengesteinen sowie zu den Ablagerungen im Liegenden und Hangenden ist auf Abb. 3 dargestellt. Abb. 4 zeigt die geologische Interpretation.[3])

[3]) Siehe Fußnote [1])

Die Mächtigkeit dieses Riffs beträgt rund 160 m. Es ist aus ungeschichteten massigen Gesteinen zusammengesetzt, was seinen Ausdruck insbesondere in der schwachen Differenzierung der Widerstandskurve im Karottagediagramm findet. Im Vorfeld des Riffs findet sich ein breites Schuttgebirge, das lithologisch eine Wechsellagerung von karbonatischen Riffschuttgesteinen mit dunklen, tonigen Kalksteinen vom Depressionstyp darstellt.

Die Auffindung von Riffen der Rudkinzeit (sie wurden auch auf dem Norddoroshkinfeld, Brgn. 23 und 28, und auf dem Kudinowfeld, Brg. 83, nachgewiesen und werden auf dem Bachmetjewfeld, Brg. 205, und dem Melowatfeld, Brg. 3, vermutet) ist von erheblichem Interesse, da die weite Verbreitung des Domanik — des Tiefseefaziesäquivalents der Rudkin-Flachseeablagerungen — bekannt, die Zone ihrer Verzahnung aber kaum untersucht ist.

Zu Beginn der Semilukzeit verstärkte sich die tonige Materialzufuhr, und das tonige Paket nivellierte bis zu einem gewissen Grade das Riffrelief, wobei in den Depressionen die Akkumulation am stärksten war. Über dem Riff ist seine Mächtigkeit etwas geringer als in der Rifflagune, und weiter auf den Schelf hinauf keilt es bald aus.

Die Bildung der Riffe führte zu einer Verengung des Beckens. Auf dessen neuen Hängen entstanden in der Semilukzeit Bedingungen für das Wachsen neuer Riffe. Eines davon wurde auf dem Linewofeld entdeckt. (Auf Abb. 3 ist es in Brg. 34 dargestellt.) Es ist ein Körper von massigen reinen Kalksteinen mit biomorphen Strukturen, der eine Mächtigkeit von 220 m erreicht. Er ist durch eine starke Einbuchtung der SP-Kurve und eine äußerst schwache Differenzierung der Widerstandskurve charakterisiert. Da die Mächtigkeit der Schelf- und Riffbildungen der Semilukzeit in dem betreffenden Bezirk annähernd gleich ist und das Riff selbst auf dem fore-reef-Schuttgürtel des Rudkinriffs liegt, kann man annehmen, daß sein Wachstum nicht mit einer tektonischen Durchbiegung, sondern mit dem Vorhandensein eines gegliederten Bodenreliefs im Rudkinbecken zusammenhängt, das in der frühen Semilukzeit nicht vollkommen nivelliert wurde. Das Relief nach dem Semiluk war praktisch durch die terrigene Petinschichtenfolge ausgeglichen. Wie aus Abb. 4 ersichtlich, sind die Mittelfrasne-Riffe regressiv. Sie verschieben sich zur Depression hin, wodurch es zu einer weiteren Verkleinerung des Beckens kommt.

Eine neue Durchbiegung zur Alatyr-Woronesh-Zeit führte von neuem zu einer Differenzierung der Beckentiefe. Die Flachschelfablagerungen sind durch graue, braungraue und hellgraue, stellenweise dolomitisierte Kalksteine vertreten, welche unterschiedliche Körnigkeit, organogen-klastisches Gefüge, Knollen mit Flachwasserfauna sowie Zwischenlagen von Mergeln und grüngrauen Tonen besitzen.

Am Hang werden die Kalksteine dunkelgrau, tonig, häufig auch krümelig (pelletiert) und weiter in das Becken hinein fast schwarz, bituminös, mit einer feinen rhythmischen Schichtung. Sie enthalten lediglich Planktonorganismen, seltener Ostracoden und Linguliden und wechsellagern mit schwarzen blättrigen Argilliten. Die postume Entwicklung des Hanges wird durch

Zeitschrift für angewandte Geologie, Bd. 17 (1971), Heft 7

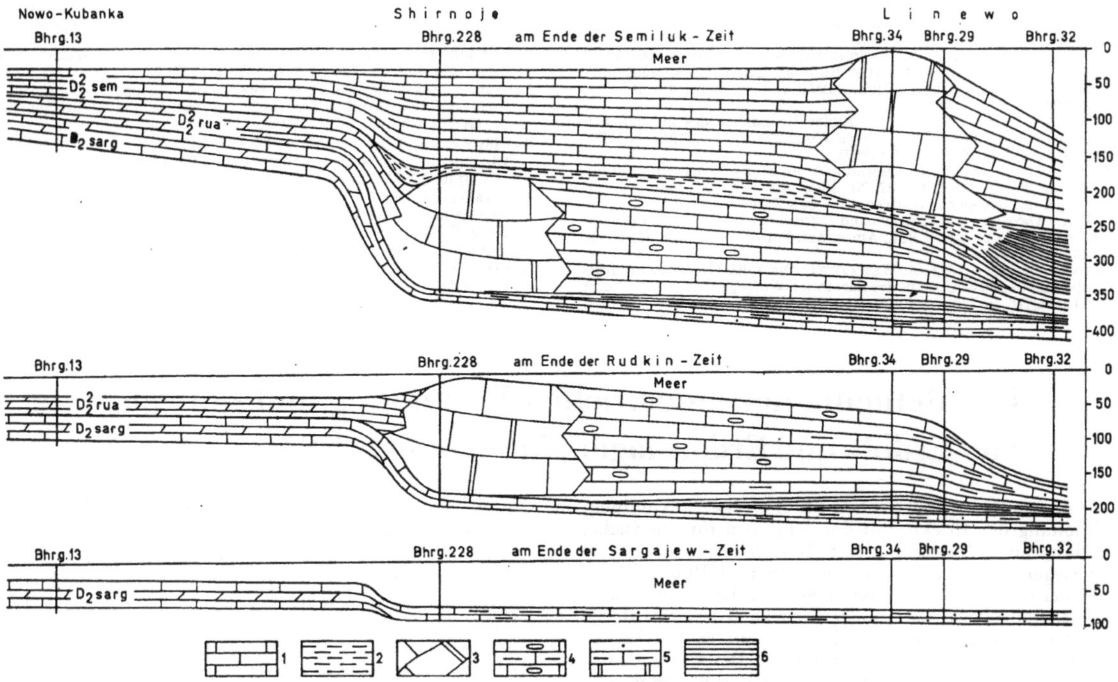

Abb. 4. Schema der Bildung des unteren Teils der Frasne-Ablagerungen am Westrand der Kamyschinsenke

Flachwasserschelfablagerungen: 1 – helle normalgeschichtete Mergel, Kalksteine und Dolomite; 2 – graue, grüngraue und dunkelgraue Tone und Argillite
Riffablagerungen: 3 – helle ungeschichtete massige Kalksteine und Dolomite; 4 – grobgeschichtete Kalksteine des Vorriffschuttgebirges, bisweilen krümelig, klumpig und tonig
Tiefseedepressionsablagerungen: 5 – schwarze und dunkelgraue feingeschichtete tonige und bituminöse Kalksteine, Dolomite und Mergel; 6 – schwarze und dunkelgraue Tonschiefer

das Auskeilen der mächtigen Schichtenfolge der Petinschiefer im Liegenden unterstrichen. Das gegliederte Relief des Bodens und das Vorhandensein eines Abhangs schufen Bedingungen, die für das Wachsen der Riffe günstig waren. Eines davon ist offensichtlich an das Nowokorobkowfeld gebunden. Hier wurde ein Karbonatmassiv entdeckt und umrissen, dessen Mächtigkeit 450 m übersteigt. Im zentralen Teil hat aus technischen Ursachen keine Bohrung sein Liegendes erschlossen. Auf dem Korrelationsschema (Abb. 5) ist Brg. 95 dargestellt, die an seiner Südspitze niedergebracht wurde.[4]) Aus diesem Massiv wurde kein Kern gezogen, so daß man eine Vorstellung über die Lithologie nur aus indirekten Daten gewinnen kann. Es ist eine mächtige, ungeschichtete (die Widerstandskurve ist faktisch nicht differenziert, siehe z. B. Abb. 5, Brg. 95, Intervall 2600 bis 2950 m) Schichtenfolge karbonatischer Gesteine ohne tonige Beimengungen (ersichtlich aus einer starken Depression der SP-Kurve in diesem Intervall), hochkavernös und durchlässig. (In allen Bohrungen wurden während des Bohrens katastrophale Verluste an Bohrspülung beobachtet.)

Die höher liegenden Ewlanowo-Liwensker Ablagerungen nehmen über diesem Massiv etwas an Mächtigkeit ab (insbesondere durch das völlige Auskeilen der tonigen Pakete); nach E gehen sie in Tiefseeablagerungen über. Die Mächtigkeit der Unterfamenne-Folgen (Linewo und Umet) nimmt hier ebenfalls ab; nach E zu steigt sie jedoch rasch an (300 bis 350 m) und gleicht das Relief aus (Abb. 5). Von unten nach oben werden die dunkelgrauen, fast schwarzen bituminösen Argillite, Mergel und pelitomorphen Kalksteine der Linewo-Folge allmählich durch dunkelgraue und grüngraue, bis zur feinen Fraktion geschlämmte Schiefertone des unteren Teils der Umet-Folge und danach durch helle organogene Kalksteine und grüngraue Tone, die eine allgemeine Verflachung des Beckens wiedergeben, ersetzt. Die Faziesbeziehungen, die Lage an der Grenze zwischen Flachsee- und Tiefseeablagerungen, Form und Charakter der Veränderung der Mächtigkeiten und Fazies, der liegenden, hangenden und umgebenden Ablagerungen und die Strukturbeziehungen gestatten es, neben den indirekten Daten über den Charakter der Ablagerungen, trotz des Fehlens von Bohrkernen, mit einem hohen Grad von Wahrscheinlichkeit anzunehmen, daß das betreffende Karbonatmassiv riffogener Natur ist (Abb. 5).

[4]) Siehe Fußnote [1])

Literatur

BALAJEW, W. A.: Die devonischen Ablagerungen der zentralen und südlichen Bezirke der Wolga-Ural-Provinz in Verbindung mit den Perspektiven ihrer Erdölführung. – Verl. Saratow. Staatl. Univ. (1961).

BUSCH, E. A., W. G. KUSNEZOW & W. L. SOKOLOW: Die spätdevonische Etappe der Entwicklung der Kaspisenke. – Geologija nefti i gasa, Nr. 2, Moskau 1967.

DOLITZKIJ, W. A.: Die geologische Interpretation der Materialien der geophysikalischen Untersuchungen von Bohrungen. – Nedra, Moskau 1966.

DUNBAR, C. O., & J. RODGERS: Principles of stratigraphy. – New York 1957.

GRABAU, A. W.: Principles of stratigraphy. – Vol. 1, New York 1960.

HENSON, F. R. S.: Cretaceous and tertiary reef formations and associated sediments in Middle East. – Bull. Amer. Ass. Petrol. Geol., vol. 34, Nr. 2, S. 215–238 (1950).

KARPOW, P. A., A. M. NASARENKO, M. A. NETSCHAJEWA & W. I. SCHEWTSCHENKO: Die Stratigraphie der devonischen Ablagerungen des Don-Medwedjew-Walles und der Tersinsker Depression. – Abh. Wolgogr. wiss. Unters. Inst. Erdöl- u. -gasindustrie, Ausg. 1, Wolgograd 1962.
KUSNEZOW, W. G.: Die dolomitisierten Riffe des Tournai des Orenburger Gebiets. – Autorref., Ber. „Bjull. MOIP", Abt. Geol., Bd. XLXII, Nr. 4 (1966).
KUSNEZOW, W. G., & T. I. CHENWIN: Einige Grundzüge des geologischen Baus des Südumetsker Riffs (Unteres Wolgagebiet). – „Bjull. MOIP", Abt. Geol., Bd. XLXIII, Nr. 2 (1967).
LADD, A. S., u. a.: Drilling in Eniwetok Atoll, Marshall Island. – Bull. Amer. Ass. Petrol. Geol., vol. 37, Nr. 10, S. 2257–2280 (1953).
LEVORSEN, A. I.: Geology of petroleum. – San Francisco 1956.
LINK, T. A.: Theory of transgressive and regressive reef (bioherm) development and origin of oil. – Bull. Amer. Ass. Petrol. Geol., vol. 34, Nr. 2, S. 263–294 (1950).
MASCHKOWITSCH, K. A., & L. A. WAWAJEWA: Die mitteldevonischen Riffmassive auf dem Territorium des Saratower Wolgagebiets. – Geologija nefti i gasa, Nr. 10, Moskau 1962.
NALIWKIN, D. W.: Studium der Fazies, Bd. I. – Verl. AN SSSR (1956).
NEWELL, N. D., u. a.: The permian reef Complex of the Guadalupe Mountains region, Texas and New Mexico. – San Francisco 1953.
PARKINSON, D.: Lower carboniferous reefs of northern England. – Bull. Amer. Ass. Petrol. Geol., vol. 41, Nr. 2 (1957).
RAUSER-TSCHERNOUSOWA, D. M.: Die Fazies der oberkarbonischen und Artinsker Ablagerungen des Sterlitamaksko–Ischimbaj-Uralgebiets. – Tr. GIN AN SSSR, Bd. 43, Ausg. 119 (1950).
RAWIKOWITSCH, A. I.: Rezente und fossile Riffe. – Verl. AN SSSR (1954).
– Die Riffe und die Rolle der tektonischen Bewegungen bei ihrer Bildung. – „Bjull. MOIP", Abt. Geol., Bd. XXXVI, Nr. 1 (1960).
SCHWARZACHER, N.: Petrology and structure of some lower Carboniferous reefs in northwestern Ireland. – Bull. Amer. Ass. Petrol. Geol., vol. 45, Nr. 9, S. 1481–1503 (1961).
TWENHOFEL, W. H.: Principles of sedimentation. – New York 1936.
WARING, W. W., & D. B. LAYER: Devonian dolomitized reef, D_3 reservious Leduc field, Alberta, Canada. – Bull. Amer. Ass. Petrol. Geol., vol. 34, Nr. 2, S. 295–312 (1950).

Die Methodik der industriellen Erkundung und Einschätzung von Erdöl- und Erdgaslagerstätten in den USA[1]

Die Ökonomik der geologischen Erdöl-Erdgas-Erkundung, die Erhöhung der Effektivität der Ausgaben für die Suche, Erkundung und Nutzung dieser Ressourcen sind bevorzugter Gegenstand unserer Forschungen und Untersuchungen. Dabei stützen wir uns vor allem auf die wissenschaftliche Zusammenarbeit und uneigennützige Hilfe der UdSSR und anderer sozialistischer Länder und nutzen die Ergebnisse ihrer Forschung und ihre Erfahrung. Bei diesen Untersuchungen hat sich gezeigt, daß neben der Vervollkommnung der technisch-technologischen Prozesse, ihrer Automatisierung und komplexen Rationalisierung die erreichte Effektivität maßgebend durch die Methodik der Erkundung und die nahtlose Überleitung der entdeckten und erkundeten Lagerstätten in die Produktion bei Beachtung des Gesetzes der Ökonomie der Zeit beeinflußt wird. Grund genug, um die Erfahrung der führenden Erdölländer der Welt in dieser Hinsicht zu analysieren und für unsere eigene Arbeit auszuwerten. Aus dieser Sicht ist die USA-Praxis der Erkundung und Einschätzung von Erdöl- und Erdgas-Lagerstätten zweifellos ein interessantes Objekt für kritische Analysen und Schlußfolgerungen zur Nutzanwendung. Bei einer solchen Analyse muß beachtet werden, daß in den USA selbst

a) die Entdeckung neuer großer Lagerstätten in den traditionellen Erdölbezirken immer schwieriger wird (folglich die Fündigkeitsrate der Suchbohrungen tendenziell sinkt);

b) die nahe der Oberfläche liegenden Strukturfallen zum überwiegenden Teil bereits festgestellt sind, folglich die Suche auf lithologische oder stratigraphische Fallen sowie auf tiefliegende Lager umorientiert werden mußte (eine Situation, die auch uns nicht fremd ist);

c) aus den traditionellen Erdölgebieten in schwerzugängliche (Alaska!) und auf den Schelf und Kontinentalhang übergegangen werden muß (die USA fördern gegenwärtig bereits etwa 75% des in der Welt aus dem Meer geförderten Erdöls).

Diese Zwangslage führte in den USA generell zu einer Erhöhung der Kosten für die Suche und Erkundung und zugleich der Gesamtkosten für das geförderte Erdöl und Erdgas.

Folgende Fakten kennzeichnen die Situation:

1. Die durchschnittlichen spezifischen Kosten für die Erkundung, die sogenannte Feldentwicklung und Förderung einer Tonne Erdöl stieg von 16,4 Dollar (1955) auf 18,0 Dollar (1962–1966), d. h. in rund 10 Jahren um 9%.

2. Der Vorratszuwachs für einen Dollar Aufwendungen sank in dieser Zeit von 0,104 t auf 0,100 t.

3. Die durchschnittlichen spezifischen Kosten für die Erkundung, Feldentwicklung und Förderung von 1000 m³ Erdgas erhöhten sich von 2,04 Dollar (1955) auf 3,57 Dollar (1962–1966), d. h., die Kostenerhöhung machte in dieser Zeitspanne rund 75% aus.

4. Der Vorratszuwachs an Erdgas für einen Dollar sank in dieser Zeit von 800 m³ auf 558 m³, d. h. um 30%.

Andererseits stehen in den USA diesen höheren Kosten relativ niedrige Preise für Öl und Gas gegenüber und eine außerordentlich intensive Entwicklung des nationalen Bedarfs an diesen Rohstoffen. Daraus ergibt sich zwingend die Notwendigkeit, mit allen Mitteln die geologische Effektivität der Suche und Erkundung zu erhöhen und ihre Kosten zu senken, eine Aufgabe, die prinzipiell seit Jahren von Partei und Regierung als Vertreter unserer sozialistischen Gesellschaft auch uns gestellt wird. (Es erübrigt sich hier darauf hinzuweisen, daß diese Effektivitätserhöhung bei uns dem ganzen Volke, in den USA dagegen lediglich den über 50 großen Erdölgesellschaften zugute kommt.)

Als zu schaffende Voraussetzungen zur Lösung dieser Aufgabe wurden in den USA gesehen: die Vervollkommnung der Such- und Erkundungsmethodik, die Anwendung neuer Methoden und Verfahren, neuer Apparaturen und Bohrtechnologien sowie Veränderungen der staatlichen Preispolitik für importiertes Erdöl u. a.

1. Einige bemerkenswerte Veränderungen in der Erdöl-Erdgas-Erkundung der USA

Die skizzierten Umstände haben in den USA zu großen Veränderungen in der Erkundung vor allem auf technischem und organisatorischem Gebiet geführt, in deren Ergebnis sich die Zahl der eingesetzten Bohrgeräte spürbar reduzierte, die durchschnittliche Leistung jeder eingesetzten Anlage bedeutend erhöhte und die Effektivität der Erkundung wesentlich gewachsen ist. (Einzelne USA-Firmen schätzen ein, daß auf diese Veränderungen etwa $^2/_3$ des Gesamtvorratszuwachses an Erdölvorräten seit 1945 zurückzuführen ist.)

Einige Fakten, in denen diese technischen Veränderungen sich ausdrücken (siehe Tab. 1):

In diesem Zusammenhang muß darauf hingewiesen werden, daß sich die Zahl der niedergebrachten Suchbohrungen im gleichen Zeitraum einschneidend verringerte: von 1956 rund 16000 auf 1965 bis 1968 durchschnittlich etwa 9000.

Die technischen Fortschritte in der Fördertechnologie ermöglichten ferner, die von einer Produktionsbohrung entölte bzw. entgaste Fläche wesentlich zu erhöhen: auf durchschnittlich 128 ha bei Gaslagerstätten[2]) sowie auf 16 bis 32 ha und mehr bei Erdöllagerstätten[3]).

Eingang des Manuskripts in der Redaktion: 17. 11. 1970.

[1]) Unter diesem Titel wurde im Rahmen der Ständigen Kommission für Geologie des RGW eine Untersuchung sowjetischer Spezialisten (MUCHIN, W. W.) durchgeführt und den Teilnehmerländern zur Verfügung gestellt. Auf der Grundlage dieser Ergebnisse werden hier einige aktuelle methodische Probleme zur Diskussion gestellt.

[2]) d. h. bei quadratischem Netz ein Sondenabstand bis zu rund 3580 m

[3]) d. h. bei quadratischem Netz ein Sondenabstand bis zu rund 565 m

Tabelle 1

	1956	1964	1965
Eingesetzte Geräte (Schlag- und Rotaryanlagen)	4845	3006	
durchschnittliche Jahresleistung einer Anlage	14818 m		19870 m
durchschnittliche Monatsleistung einer Anlage	1226 m	1573 m	1656 m
durchschnittliche Jahresleistung einer Rotarybohranlage	25180 m	34605 m	36878 m
durchschnittliche Monatsleistung einer Rotarybohranlage	2098 m	2884 m	3074 m

(Natürlich ist der konkrete Sondenabstand keine Sache des Voluntarismus, sondern der gegebenen Speicherverhältnisse und technisch-ökonomischer Überlegungen.) Allerdings kann dieses Ergebnis in den USA auch wesentlich dadurch erreicht worden sein, daß die Bohrungen gezielter (ausgewählter) angesetzt wurden und mit einer Bohrung — im Gegensatz zur Vergangenheit — gleich mehrere Schichten entölt werden konnten.

Als Folge des technischen Fortschritts muß auch die Tatsache vermerkt werden, daß die Bohrteufe auf 5000 bis 6000 m und mehr vergrößert wurde, wobei ein wesentlicher Vorratszuwachs und bemerkenswert hohe Sondenleistungen in Gas- und Kondensatlagerstätten in Kansas, Oklahoma, Louisiana u. a. erzielt wurden. (In Teufen über 6000 m wurden Erdöllagerstätten in den USA bisher nicht entdeckt.)

Entscheidend hat sich in den USA der technische Fortschritt jedoch auf dem Gebiet der Geophysik ausgewirkt. Gerätetechnisch hat er die größten Veränderungen in der Seismik hervorgerufen. Die neu entwickelten Seismographen erinnern, wie sich ein sowjetischer Fachmann ausdrückte, nur noch in ihrem Arbeitsprinzip an jene Geräte, die vor 5 bis 10 Jahren eingesetzt wurden. Durch Einsatz der Digital- und Rechentechnik in großem Maßstab wurde es dabei möglich, verläßliche Seismogramme mit großer Genauigkeit von Schichten zu erhalten, die 5000 und mehr Meter tief liegen. Diese verläßlicheren und an Informationen reicheren Ergebnisse der Geophysik führten logischerweise zu deren verstärktem Einsatz in der Erdöl-Erdgas-Erkundung. Ihr Anteil hat im Gesamtkomplex der Erkundung bedeutend zugenommen, wodurch die Effektivität der Tiefbohrtätigkeit wesentlich erhöht wurde.

Tabelle 2

	Angewandte Methoden zur Begründung des Ansatzes von Bohrungen			Bohrungen, die ohne derartige Begründung angesetzt wurden
	Geologische	Geologisch-geophysikalische	Geophysikalische	
Verhältnis der fündigen zu den nichtfündigen Bohrungen	1:10	1:7	1:6	1:24
Durchschnittl. Prozente der Fündigkeit	10,2	11,8	16,9	2,7

Die größeren Schwierigkeiten (für die Entdeckung neuer, hocheffektiver Lagerstätten), die sich aus der Tatsache ergeben, daß leicht auffindbare und nahe der Oberfläche liegende Lagerstätten im allgemeinen bereits in der Vergangenheit entdeckt wurden und tief liegende sich gewöhnlich in keiner Weise durch Anzeichen an der Erdoberfläche andeuten, haben in den USA zur Mobilisierung aller wissenschaftlichen Kräfte zu deren Überwindung geführt.

Die Arbeiten an der Entwicklung von Direktmethoden des Aufspürens in der Tiefe liegender Lagerstätten wurden verstärkt (darüber mehr in einem gesonderten Bericht), die vorhandene geologische Situation wurde komplex erforscht, d. h. unter Heranziehung aller Möglichkeiten der Geologie, Hydrogeologie und Hydrodynamik sowie unter Ausnutzung jener Parameter, die die Situation am Kontakt von Wasser, Erdöl und Gas mit den Gesteinen charakterisieren, und z. B. die Methode der hydrodynamischen Analyse entwickelt, die gegenwärtig als allgemein anerkannt — und zwar für die Entdeckung von stratigraphischen und strukturell bedingten Lagerstätten — betrachtet werden kann.

Besondere Aufmerksamkeit wird in den USA auch der Einführung der EDV-Technik bei der Verallgemeinerung von Analysenergebnissen, der Interpretation geophysikalischer und Bohrergebnisse, der Anfertigung von geologischen, Struktur- und anderen Karten sowie der Erfassung, Auffindung und Ausgabe geologischer Informationen erwiesen.

Die ernsteste Frage jedoch, die in der Erdöl-Erdgas-Erkundung der USA gegenwärtig erörtert wird, ist die organisatorisch-technische Reorganisation der gesamten Erkundung und des Abbaus. In diesem Zusammenhang wurden viele interessante und neue Ideen entwickelt, deren Nutzung und Realisierung für die Erdöl- und Erdgas-Industrie äußerst vorteilhaft sein kann. Es kann uns nur in unserer eigenen Arbeit helfen, wenn wir sie gründlich studieren, ihren Wert oder ihre Bedeutungslosigkeit für unsere Arbeit bestimmen und die entsprechenden Schlußfolgerungen ziehen.

2. Einige typische Erkundungsbeispiele

Zuvor erscheint es jedoch sinnvoll, aus dem erwähnten Bericht einige typische Beispiele der USA-Erkundungspraxis kurz anzuführen, die sowohl den Strukturtyp (Swanson River), den stratigraphischen (Dover—Hennessey) und den lithologischen Typ (das nordöstliche Revier des Denver-Beckens) charakterisieren.

Lagerstätte Swanson River (Alaska)

Die Richfield Oil Corporation begann nach geologischen und geophysikalischen Vorbereitungsarbeiten im April 1957 im Gebiet des Swanson River zu bohren und wurde im August 1957 in 3400 m im produktiven Homlocksandstein fündig. (Mit dem Schichtprüfer wurde industrieller Zufluß erhalten.) Danach wurde die Produktionsrohrtour eingebaut und ein Zufluß von 125,8 t/d erhalten. (In den oberen Horizonten des Tertiärs wurde Gas, in den unteren Öl festgestellt.)

Auf dieser Lagerstätte wurden anschließend die Arbeiten von zwei Firmen weitergeführt, wobei beide nach dem üblichen Schema vorgingen: Nach Fündigwerden wurden die nächsten Bohrungen im 2- bis 3fachen

Abstand des für den Abbau festgelegten Bohrnetzes angesetzt.

Ende 1959 waren im Nordteil der Lagerstätte sieben Bohrungen niedergebracht, von denen drei — infolge komplizierter Tektonik in diesem Teil — nichtfündig waren. Im Südteil der Lagerstätte erwiesen sich alle zehn niedergebrachten Bohrungen als erdölführend. Ende 1961 waren insgesamt 45 Bohrungen niedergebracht, von denen nur vier trocken waren. Aus dem geologischen Vergleich der Sonden zeigte sich, daß sich ein großer Teil bereits der Erdölkontur näherte. Die Lagerstätte wurde 1963 mit neun Bohrungen außerhalb der Kontur umgrenzt. Dabei ist interessant, daß in mehreren von ihnen gerichtete Ablenkungen in Richtung zur Kontur vorgenommen wurden. Auf diese Weise erreichten vier die erdölführende Fläche und ergaben Förderung.

Der Abbau der Lagerstätte begann 1958 und erreichte, nach dem Bau einer Erdölleitung, seine volle Kapazität 1961. Danach wurden noch 35 Bohrungen niedergebracht. Die Vorräte wurden mit 33,8 Mill. t eingeschätzt, die konstante Förderung mit 1,5 Mill. t/a festgelegt.

Lagerstätte Dover—Hennessey

Es handelt sich um ein großes stratigraphisches Lager, in dem aus sechs Horizonten gefördert wird. Noch 1960 erschien diese Lagerstätte als aus drei 5 bis 6 km voneinander entfernten Revieren bestehend. Ende 1960 waren hier 49 Sonden niedergebracht, davon war nur eine trocken. Ende 1962 gab es bereits 480 Bohrungen, davon waren lediglich 11 nicht fündig. 1963 waren insgesamt 2237 Bohrungen niedergebracht worden, davon trotz der Notwendigkeit, den Erdöl/Wasser-Kontakt zu ermitteln, nur 58 trockene, d. h., es wurde ein Erfolgskoeffizient von 97,4% erreicht.

(Es ist unbedingt zu beachten, daß nach der Lagerstättenentdeckung sofort forciert Produktionsbohrungen in großer Anzahl niedergebracht wurden und erst bei Abschluß der Bohrtätigkeit mit einer größeren Zahl nichtfündiger Bohrungen der Erdöl/Wasser-Kontakt festgestellt wurde.)

Das NE-Revier des Denver-Beckens

Es handelt sich um ein etwa 900 km² großes Revier. Erdöl enthalten lithologische Fallen in den Kreidesedimenten (z. T. begrabene Flußtäler). Hier wurden 263 Suchbohrungen niedergebracht, mit denen 11 lithologische Lager — Gesamtvorräte 1,3 Mill. t — entdeckt wurden.

Insgesamt wurde mit 304 Bohrungen das gesamte Territorium abgebohrt (0,29 auf 1 km²) und dabei sehr schlechte Ergebnisse erzielt: 52 Bohrungen waren fündig, bedingt können noch 51 als Konturierungsbohrungen betrachtet werden; bis zum 1. 1. 1965 wurden insgesamt 784000 t Erdöl gefördert; einzelne Sonden hatten dabei eine Tagesleistung von nur 0,5 t. (Der Abbau begann 1951, die ausbringbaren Restvorräte wurden am 1. 1. 1965 mit 50000 t eingeschätzt.)

* * *

Aus diesen Darstellungen sind trotz ihrer Skizzenhaftigkeit dennoch einige charakteristische Züge der USA-Erdöl-Erdgas-Erkundung deutlich erkennbar:

1. Auf neuentdeckten Lagerstätten wird zunächst die Größenordnung der Vorräte möglichst schnell und vordringlich ermittelt.
2. Die Kontur der Lagerstätten wird bedeutend später bestimmt, in der Regel erst nach Inbetriebnahme der Lagerstätte.
3. Die Inbetriebnahme der Lagerstätte erfolgt in den USA in der Regel bei einem niedrigeren Erkundungsgrad als z. B. in der UdSSR. Dadurch wird viel Zeit bis zur Aufnahme der Förderung gespart.

Ganz zwangsläufig erheben sich die Fragen:

a) Auf welche Weise (Erkundungsmethode) wird dieses Ziel erreicht?

b) Welche Vorteile bzw. Nachteile weist dieses Herangehen aus? Und was überwiegt?

Auf beide Fragen soll hier kurz geantwortet werden.

3. Erkundungsetappen für Erdöl—Erdgas in den USA

In der USA-Erdölindustrie lassen sich vier Hauptetappen der Erkundung mit folgenden Aufgaben unterscheiden:

1. das Auffinden einer perspektiven Fläche und ihre Vorbereitung für den Ansatz von Suchbohrungen;
2. die technisch-ökonomische Begründung für die Niederbringung von Erkundungsbohrungen;
3. die Entdeckung und Einschätzung der Lagerstätte;
4. das Abbohren der ganzen Lagerstätte.

In der ersten Etappe wird in einem für Erdöl-Erdgas-Führung als höffig eingeschätzten Gebiet mit verschiedenen geologisch-geophysikalischen Methoden die perspektive Fläche umgrenzt und für die Niederbringung von Bohrungen vorbereitet.

In der zweiten Erkundungsetappe werden auf Grund technisch-ökonomischer Begründungen die Gebiete für den Ansatz von Bohrungen festgelegt.

In der dritten wird nach den Ergebnissen der fündigen Erstbohrung und der anschließenden Bohrungen die untersuchte Fläche (das Erdöl„feld") industriell eingeschätzt. (Alle Bohrungen, die auf einem perspektiven Feld mit dem Ziele seiner Einschätzung und der Berechnung der Vorräte niedergebracht werden, werden zu den sogenannten Explorationsbohrungen gerechnet; manchmal werden sie auch als „Primär"bohrungen bezeichnet. Alle anderen Bohrungen gehören zu den „Sekundär"-bohrungen, Exploitations- bzw. Produktions- und Hilfsbohrungen nach unserer Terminologie.)

Eine exakte Parallelisierung der Begriffe — Bohrungen und Erkundungsetappen — mit den bei uns üblichen ist erschwert, weil z. B. die kommerzielle Gruppierung der Bohrungen nicht mit der offiziellen Gruppierung der Bohrungen durch die Erdölgeologen übereinstimmt. Die Industriellen kennen nur zwei Gruppen und bezeichnen als Erkundungsbohrungen jene, die auf neuen Lagerstätten, Blöcken, Horizonten, Feldesteilen u. ä. niedergebracht werden, alle anderen als Exploitationsbohrungen. Die Erdölgeologen unterscheiden dagegen allein bei den Erkundungsbohrungen mehrere Gruppen.

Zu beachten ist, daß entgegen unseren Auffassungen und unserer Praxis nach der kommerziellen Gruppierung der Bohrungen die sogenannten Konturierungsbohrungen in die Gruppe der Exploitationsbohrungen eingeordnet werden und bis zu 50% dieser Gruppe ausmachen können. Außerdem gehören nach dieser Gruppierung zu den Exploitationsbohrungen die eigentlichen Produktionsbohrungen, Einpreßsonden zur Druckerhaltung, Kontrollbohrungen u. a.

Die vierte Etappe folgt im Grunde auf die — nach unseren Auffassungen — eigentliche Erkundung des entdeckten Lagers oder der Lagerstätte; der ganze erdölführende Komplex wird abgebohrt. Aufgabe dieser Arbeiten ist vor allem die Produktivitätsbestimmung der verschiedenen Schichten, aus denen eine Erdöl- oder Erdgas-Förderung ökonomisch zweckmäßig ist.

Sinn und Zweck dieser Gliederung des Erkundungsprozesses in vier Etappen werden allerdings nur dann ganz verständlich, wenn die methodischen Grundprinzipien der USA-Erdölerkundung und die mit ihnen verfolgten Ziele in die Betrachtung einbezogen werden.

Hauptprinzip der Erdöl-Erdgas-Erkundung in den USA ist — nach Erstfündigkeit einer Bohrung —, daß die Folgebohrungen in ihrer Nähe niedergebracht werden, und zwar im 2- bis 3fachen Bohrabstand (der sich aus dem als optimal für dieses Gebiet erkannten Netz und den angetroffenen geologischen Verhältnissen ableitet), — wenn es sich um eine langgestreckte Struktur handelt, auf deren Längsachse. Dabei werden die Bohrungen nacheinander niedergebracht.[4])

So wird relativ schnell der Erdöl/Wasser-Kontakt erreicht und damit die Größenordnung der entdeckten Vorräte festgestellt. Auf der Basis dieser Erkenntnisse wird entschieden, ob die Nutzung der Lagerstätte ökonomisch zweckmäßig ist, und bei positivem Entscheid der Abbau aufgenommen. Im Abbauprozeß selbst wird — nötigenfalls mit Exploitationsbohrungen — die Lagerstättenkontur präzisiert.

Handelt es sich um sehr große Lagerstätten, die z. T. bereits abgebaut werden, werden manchmal sogenannte „Bohrungen der weit entfernten Konturierung" (gewöhnlich 2—6 km von der nächsten produktiven Sonde) niedergebracht. Diese Bohrungen werden auch aus den Erkundungsbohrmetern bestritten; daher werden oft nicht mehr als 1 bis 2 solcher Bohrungen zur Ermittlung des Wasserkontakts gebohrt. Der Vorteil eines solchen Vorgehens besteht darin, daß die Produktionsbohrungen mit größerer Sicherheit weit vom Wasserkontakt niedergebracht werden können. Offenbar sind derartige Konturierungsbohrungen jedoch nur vertretbar, wenn die der Erkundung zugrunde liegenden Strukturkarten zuverlässig sind und tatsächlich eine große (oder relativ große) Lagerstätte vorliegt. Es muß auf Grund der ersten Bohrungen ferner außer Zweifel stehen, daß die bereits ermittelten Vorräte ausreichen, um den rentablen Abbau der Lagerstätte zu sichern.

Bei einem solchen Vorgehen liegen in der ersten Zeit fast alle Produktionsbohrungen innerhalb der Lagerstätte (also wenig Fehlbohrungen). Die Kontur der Erdöl-Erdgas-Führung wird jedoch erst sehr spät — nachdem die ganze Struktur abgebohrt wurde — exakt ermittelt.

Die gesamte vorhandene Technik und die Methoden dienen in der Anfangsperiode der Erkundung im wesentlichen nur dem Zweck der Sammlung, Systematisierung und Klassifizierung der geologischen Informationen. Hier liegt wohl eines der „Geheimnisse" für die überraschend kurzen Zeitintervalle, innerhalb deren die Erkundung und die Nutzung der entdeckten Lagerstätten in den USA durchgeführt werden: wenige Bohrungen auf gut vorbereiteten Strukturen, aus diesen Bohrungen ein Maximum der erforderlichen Informationen. (Wenige Bohrungen auf schlecht vorbereiteten Strukturen und ohne ausreichende Informationen wären ein Zerrbild dieser Praxis.)

[4]) Nach der erwähnten Klassifikation der Industrie erfolgt diese allmähliche Erweiterung der erdöl-erdgas-führenden Fläche auf Kosten der Exploitationsbohrmeter.

Die geologischen Informationen dienen in den USA drei Hauptverwendungszwecken:

1. der Einschätzung der Größe und Form der Lagerstätte sowie des möglichen Umfangs der Erdöl-Erdgas-Akkumulation,

2. der Berechnung der erforderlichen Kosten bis zur Erreichung einer bestimmten Förderkapazität und der Kosten überhaupt,

3. der Bestimmung des Risikos bzw. dessen Einschränkung hinsichtlich der durchzuführenden Tiefbohrungen.

Aus dem Wesen des dargelegten Verfahrens und der Besonderheit der industriellen Klassifikation der Bohrungen in den USA ergibt sich, daß

1. die industrielle Erkundung der Erdöl-Erdgas-Lagerstätten in den USA im Unterschied zu uns im wesentlichen mit Hilfe von Exploitations-(Produktions-)bohrungen durchgeführt wird;

2. der bei nur etwa 75% in den USA liegende Erfolgskoeffizient für Exploitationsbohrungen überhaupt nicht vergleichbar ist mit dem analogen (höheren) Wert bei uns (für Produktionsbohrungen).

Von großem Interesse für uns ist die in den USA weitverbreitete gleichzeitige separate Förderung aus mehreren Schichten mit einer Bohrung. Für die Erkundung leitet sich daraus die Aufgabe der Untersuchung des sedimentären Gesamtprofils ab. (Amerikanische Ökonomen haben dies als Quelle wesentlicher Kostensenkungen bezeichnet.) Für die Testarbeiten waren dabei komplizierte Perforationsprobleme zu lösen. Es wurden sich selbst zerstörende Perforatoren mit geringen Durchmessern entwickelt, die bei ihrer Zerstörung die perforierte Rohrtour nicht mit Metallteilen verstopfen.

4. Die Einschätzung von Erdöl-Erdgas-Lagerstätten in den USA

Jede Vorratsberechnung (von der jede Einschätzung ausgehen muß) kann nicht besser sein als die ihr zugrunde gelegten Parameter. In den USA werden besonders große Anstrengungen — methodischer und apparativer Art — unternommen, um die quantitative und qualitative Bestimmung der Schichtparameter zu verbessern. Obwohl ständig die Mittel und das Instrumentarium dafür vergrößert und verfeinert werden, gibt es keine Festlegungen oder feste Regeln für die Durchführung dieser Arbeiten. Es wird in der Praxis angestrebt, sich auf das unbedingt erforderliche Minimum zu beschränken (d. h. vereinfachte Programme durchzuführen), das davon abhängt,

a) welche Informationen bei den vorliegenden Verhältnissen benötigt werden,

b) welche Geräte und Instrumente diese Informationen erbringen können,

c) welche finanziellen Mittel für diese Arbeit bereitgestellt werden können.

Zu einem vollen Untersuchungsprogramm gehören:

a) die Ermittlung des Speichers und die Bestimmung seiner Lage,

b) die Ermittlung seiner Kohlenwasserstofführung,

c) die Abgabefähigkeit der Schicht,

d) die Bestimmung der Perforationsintervalle.

Zur Bestimmung der Schichtparameter werden in den USA — wie überall: Kern und Bohrlochmessungen, Teste mit dem Schichtprüfer und Versuchsförderungen (Teste) herangezogen. Unbedingt bestimmt werden: Porosität, absolute und effektive Permeabilität, Wassersättigung, initiale Ölgassättigung, Schichtdruck und die Struktur der produktiven Schicht.

Aus den vorliegenden Daten wird das Volumen der ausbringbaren Öl- und Gasmenge größenordnungsrichtig berechnet und die Förderhöhe bestimmt, auf die sich der Abbau orientieren kann. Die „Bestimmung" der ausbringbaren und anstehenden Öl- und Gasmenge darf allerdings hinsichtlich ihrer Genauigkeit und Zuverlässigkeit nicht überschätzt werden. Dabei muß außerdem die in den USA übliche — von der uns vertrauten abweichende — Vorratsklassifikation berücksichtigt werden.

In den USA werden die Vorräte nach dem Erkundungsgrad gewöhnlich in nachgewiesene, wahrscheinliche und mögliche klassifiziert.

Mögliche Vorräte — sind Vorräte auf nicht abgebohrten Flächen, bei denen jedoch große Wahrscheinlichkeit besteht, Erdöl-Erdgas-Lager zu entdecken.

Wahrscheinliche Vorräte — sind Vorräte innerhalb der Kontur einer exploitierten Schicht, die jedoch in dem betrachteten Punkt nicht bemustert (getestet) wurden.

Nachgewiesene Vorräte — sind durch Sonden bestätigte Vorräte, und zwar durch solche Sonden, die entweder bereits exploitiert wurden oder zur Förderung vorbereitet sind und für die Druckkurven (die die Verringerung des Druckes zeigen) oder Testergebnisse vorliegen (für Teste, die im industriellen Maßstab durchgeführt wurden).

Dabei muß darauf hingewiesen werden, daß nur die nachgewiesenen Vorräte als offizielles Kriterium für die Lagerstätte oder den Bezirk gelten. Nur sie tauchen in Aufsätzen, Statistiken und Berichten der Firmen auf. Die beiden anderen Vorratsklassen sind lediglich Gegenstand der Untersuchung und Erörterung der Geologen.

Die nachgewiesenen Vorräte sind außerdem oft identisch mit den als ausbringbar erwarteten Vorräten. Öl, Gas und Kondensat werden in der Praxis separat ermittelt und abschließend Öl und Kondensat gewöhnlich addiert.

Die nachgewiesenen Vorräte werden außerdem in abgebohrte und noch nicht abgebohrte eingeteilt. Die ersten liegen in jenen Teilen der Lagerstätte, die von einem Netz niedergebrachter Exploitationsbohrungen überzogen sind. Dabei werden alle Kohlenwasserstoffe erfaßt, die mit den vorhandenen und konkret anwendbaren Methoden ausgebracht werden können (also primär und sekundär[5]) ausbringbare). Zur zweiten Gruppe gehören Vorräte, die noch nicht mit Exploitationssonden abgebohrt wurden, unmittelbar an Vorräte der ersten Gruppe angrenzen oder so nahe bei diesen liegen, daß ihr mögliches Ausbringen nach Niederbringen von Bohrungen zweifelsfrei ist. (Bei Gas werden nur Vorräte in abgebohrten Flächen als nachgewiesene erfaßt.)

Vorräte bekannter Lagerstätten, deren Förderung gegenwärtig ökonomisch unvorteilhaft ist, werden nicht als „nachgewiesene Vorräte" im vollen Sinne des Begriffs aufgefaßt, selbst wenn sie tatsächlich nachgewiesen wurden oder ihre Förderung in Zukunft vielleicht vorteilhaft sein kann.

Die bekannten Mängel der USA-Vorratsklassifikation äußern sich auch in anderen Widersprüchlichkeiten und unklaren Abgrenzungen:

Bei neuentdeckten Lagerstätten oder Lagern ist gewöhnlich im ersten bzw. den ersten folgenden Jahren nur ein relativ kleiner Teil gut untersucht. Zu den nachgewiesenen Vorräten können deshalb nur die Vorräte auf jenen Lagerstättenabschnitten gerechnet werden, die tatsächlich nach den USA-Anschauungen „nachgewiesen" sind, d. h. jährlich mit Hilfe neuer Sonden abgebohrt und konturiert werden.

Wenn über Vorräte gesprochen wird, die in dem einen oder anderen Jahr entdeckt wurden, so handelt es sich nur um jene Kohlenwasserstoffe, deren Existenz und mögliches rentables Ausbringen mit Hilfe von Bohrungen bewiesen wurden.

Bei der Arbeit mit USA-Vorratsangaben ist außerdem zu berücksichtigen, daß als „neuentdeckte Vorräte" gewöhnlich nur jene Vorräte bezeichnet werden, die mit der Erst- oder den anschließend (im ersten Jahre) niedergebrachten Exploitationsbohrungen nachgewiesen wurden; zum Vorratszuwachs gehören jene Vorräte, die durch „Erweiterung" der Kontur mit Hilfe der nach dem Prinzip „von innen nach außen" niedergebrachten Bohrungen erhalten wurden.

Wurde — in relativ seltenen Fällen — eine Lagerstätte mit aufgelockertem Netz abgebohrt, so gelten in diesem Falle die Vorräte zwischen den Bohrungen als nachgewiesene nur dann, wenn überhaupt keine Zweifel daran bestehen, daß eine industrielle Förderung nach Niederbringung entsprechender Sonden möglich ist.

Wurde die Lagerstätte (das Lager) nur durch eine einzige Bohrung aufgeschlossen und wird aus dieser Sonde gefördert, so ist die als „nachgewiesen" zugerechnete Vorratsfläche meist sehr klein; ihr Ausmaß und ihre Form richten sich nach ihrem geologischen Bau. Die Vorräte gelten als „nachgewiesen" nur für das unmittelbar die Bohrung umgrenzende Teilgebiet (selbst wenn indirekte Daten auf hohe Perspektivität der angrenzenden Bereiche hinweisen).

In die Gesamtsumme der jährlich neu hinzukommenden nachgewiesenen Vorräte gehen folglich ein:

1. Vorräte aus neuentdeckten Lagerstätten oder neuentdeckten Lagern alter Lagerstätten;

2. Vorräte, die bei der Konturierung der Lagerstätten neu ermittelt wurden;

3. Vorratsveränderungen, die sich aus neuerhaltenen Fakten bei der Überprüfung alter Einschätzungen ergeben.

Abschließend seien einige zusammenfassende Bemerkungen gestattet.

[5]) Vorräte, die mit Hilfe von für die vorliegenden Verhältnisse erprobten Sekundärmethoden ausgebracht werden können, werden unter den „nachgewiesenen" auf jenen Flächen erfaßt, auf denen die betreffenden Verfahren entweder bereits angewandt wurden oder in der allernächsten Zukunft zur Anwendung kommen sollen.

1. In den USA werden — wie gezeigt wurde — die Vorräte im Grunde nur für jede einzelne Bohrung eingeschätzt. Demgegenüber bezieht sich in der UdSSR und bei uns die Einschätzung auf das ganze Lager unter Berücksichtigung seines geologischen Baus und der erwarteten oder festgestellten Kontur der Erdöl-Erdgas-Führung.

2. Die USA-Einschätzung der Vorräte schätzt nicht die Perspektive der Lagerstätte ein, sondern lediglich die bereits erkundeten Lagerstättenteile. Insofern ist die in den sozialistischen Ländern übliche Einschätzung progressiver.

3. Die USA-Angaben über ihre Erdöl-Erdgas-Vorräte dürfen nicht als offiziell oder umfassend angesehen werden; denn nachgewiesene Vorräte im USA-Sinne setzen das Niederbringen teurer Bohrungen voraus. Die Erdöl-Erdgas-Firmen sind zu derartigen Ausgaben nur in dem Maße bereit, wie es die vorgesehene Förderung der nächsten Jahre unbedingt erforderlich macht. Es handelt sich bei Vorratsangaben in den USA somit eher um laufende „Arbeits"vorräte denn um einen Maßstab für die Versorgungssicherheit des Landes. (Das langjährige beinahe konstante Verhältnis zwischen Förderung und Vorratsbasis bestätigt diese Feststellung.)

4. Neuentdeckte Lagerstätten werden in den USA bei relativ geringem Erkundungsgrad (wenigen Bohrungen) sehr schnell in Produktion genommen. Gleichzeitig wird die Effektivität der Arbeiten wesentlich erhöht durch:

a) die Vergrößerung des Sondenabstands und
b) wirkungsvolle Methoden der Sondenintensivierung und effektive Sekundärverfahren.

5. Die Verkürzung der Vorbereitungszeit für die Aufnahme der Förderung aus einem neuentdeckten Lager — selbst wenn von den frühzeitig niedergebrachten Exploitationsbohrungen ein gewisser Prozentsatz uneffektiv ist — erscheint der USA-Erdöl-Erdgas-Industrie vorteilhafter als eine zeitliche Verschiebung der Produktionsaufnahme und die Verlagerung uneffektiver Bohrungen (des Risikos) auf die Erkundung.

5. Einige Schlußfolgerungen für unsere eigene Arbeit

Die in den sozialistischen Ländern und in der DDR herrschenden Grundsätze für die Klassifikation der Vorräte sind progressiver und für die Volkswirtschaft informativer als die der USA.

Ebenso ist die Regulierung des Vorratszuwachses durch die Betriebspolitik und spekulativen Interessen der Erdölfirmen eindeutig der Ordnung in den sozialistischen Ländern unterlegen, in der die tiefe wissenschaftliche Begründung (nach allseitigem Studium) der Einschätzung der Ressourcen und deren Überprüfung und Bestätigung durch staatliche Organe (Vorratskommission) gesetzlich Vorschrift ist.

Das Mitglied der sowjetischen Akademie A. A. TROFIMUK hat einmal treffend formuliert, daß in den USA nicht einmal der Präsident zuverlässig weiß, über welche nachgewiesenen Erdölvorräte aller Kategorien das Land verfügt. Es ist strenges Geheimnis der einzelnen Monopole.

Progressiv ist zweifellos an der USA-Praxis der Erkundung von Erdöl-Erdgas-Lagerstätten die ungewöhnlich schnelle Überführung der entdeckten Lagerstätten in die Nutzung. Wenn die Grundzüge dieser Strategie analysiert werden, so zeigt es sich, daß sie einige wesentliche Voraussetzungen hat, ohne die sie entweder wenig effektiv wird oder überhaupt nicht zu realisieren ist:

1. Ganz wesentlich ist eine leistungsfähige Geophysik, die auch für größere Teufen mit ausreichender Genauigkeit Strukturen und ihre Erstreckung feststellen kann.

2. Die Niederbringung relativ weniger Erkundungsbohrungen nach der Erstfündigkeit ist nicht auf deren schnelle Inbetriebnahme gerichtet, sondern auf eine umfassende Informationssammlung, um die Lagerstätte bzw. das Lager geologisch-ökonomisch einschätzen zu können.

3. Nach dieser Einschätzung (und bei ihrem positiven Ausgang) wird de facto die Erkundung der Lagerstätte (in unserem Sinne) durch Produktionsbohrungen zeitweilig abgelöst, die aber einen beschränkten Erkundungsbeitrag — und nicht nur mit ihren Testangaben — leisten, jedoch hauptsächlich der Förderung dienen.

4. Nähern sich die Produktionsbohrungen dem Erdöl/Wasser- bzw. Gas/Wasser-Kontakt, setzt de facto erneut die Erkundungstätigkeit ein (in den USA z. T. mit Bohrmetern aus dem Exploitationsbohrmeterfonds), um die Konturen der Lager zu bestimmen und die Vorräte auf der Basis aller vorhandenen Unterlagen (auch der Förderdaten) zu berechnen.

5. Die Arbeiten zu (3) werden in hohem Tempo durchgeführt, allerdings erst dann, wenn die Fragen des Transports (z. B. Bau einer Pipeline) und des Absatzes nicht nur geklärt, sondern auch technisch gelöst sind. (Die Arbeiten zu (4) sind erst nach denen zu (3) aktuell.)

Wenn wir uns ebenfalls das Ziel stellen, neuentdeckte Lagerstätten mit einem Minimum an Erkundungsaufwand in kürzester Frist für unsere Volkswirtschaft zu nutzen, muß nach Meinung des Berichterstatters das Hauptgewicht — neben der Rationalisierung und Automatisierung der technischen Prozesse — auf zwei Komplexe gelegt werden, die vor allem in der Suche wirksam werden:

a) auf die Verbesserung und Entwicklung der geophysikalischen Geräte und Methoden mit dem Ziel, bessere Informationen schneller für größere Teufen zu liefern;
b) aus den ersten Bohrungen, mit denen — auf der Basis der geophysikalischen Angaben — eine möglichst umfassend orientierende Einschätzung der neuentdeckten Lagerstätte erhalten werden soll, das Maximum der für zu treffende Entscheidungen benötigten Informationen zu gewinnen.

Ist dies erreicht, hängen das forcierte Abbohren der Lagerstätte und die Entwicklung der Förderung (bis zu der vorgesehenen Höhe) lediglich von unserer Organisiertheit, der Beherrschung der technisch-technologischen Prozesse und den vorhandenen bzw. bereitgestellten materiellen Mitteln ab.

Organisatorisch ergäbe sich nach Niederbringung der ersten Erkundungsbohrungen als Grundlage für die geologisch-ökonomische Bewertung der Lagerstätte die Notwendigkeit, die Vorräte der ganzen Lagerstätte operativ einzuschätzen. Diese operative Berechnung stellt an ihre Autoren außerordentlich große fachliche Anforderungen, weil sie aus den vorliegenden, relativ wenigen Erkundungsdaten objektiv richtige und begründete Parameter für die ganze Lagerstätte ableiten müssen. (Hier übersteigen die Anforderungen an unsere Wissenschaftler jene, die die USA-Industrie an ihre stellt.) Die endgültige Vorratsberechnung, die bisher nach Abschluß der Erkundung (und gewöhnlich vor Aufnahme der Förderung) durchgeführt wurde, braucht sich — wie die USA-Praxis zeigt — bei Realisierung dieses Herangehens keineswegs um Jahre in die Zukunft zu verschieben. Sie könnte — wenn das USA-Tempo auch bei uns erreicht würde — praktisch fast zum gleichen Zeitpunkt durchgeführt werden, weil

a) die absolute Zahl der Erkundungsbohrungen wesentlich reduziert wird,
b) die Produktionsbohrungen wesentlich den Erkenntnisstand (und den Erkundungsgrad) erhöhen und
c) die Bohrtätigkeit nach den ersten Erkundungsbohrungen außerordentlich forciert wird, stärker als es bisher in der Erkundung möglich war.

Abschließend muß ausdrücklich darauf hingewiesen werden, daß auch in den USA die Erdöl-Erdgas-Erkundung in der Regel alles andere als eine moderne „Schatzgräberei" ist, bei der etwa Sonden wild niedergebracht werden (die „berühmten" wild cats) und aus jeder fündigen Sonde sofort und nur gefördert würde. Die USA-Monopole nutzen in hohem Maße die Produktivkraft Wissenschaft für ihre eigennützigen Interessen. Es ist unsere sozialistische Pflicht, sie — zum Wohl unserer DDR — in dieser Hinsicht weit zu übertreffen.

FRIEDRICH STAMMBERGER

$^{12}C/^{13}C$-Verhältnis und chemische Zusammensetzung von Xyliten

WOLFGANG FISCHER, Rostock, INGEBORG MAASS, Leipzig, GÜNTER SCHLUNGBAUM, Rostock, & ERIKA SONTAG, Freiberg (Sa.)

1. Einleitung

Als Nachzügler im Inkohlungsprozeß gelten die in der Braunkohle enthaltenen fossilen Hölzer (JURASKY 1938a, SCHOCHARDT 1943), für die in der älteren Literatur auch der Terminus Lignit verwendet wurde (POTONIÉ 1924). In der neueren makropetrographischen Nomenklatur ist hierfür jedoch allgemein der Ausdruck Xylit gebräuchlich geworden (JURASKY 1938b, JACOB u. a. 1955, SÜSS 1964). Die Xylite können sowohl in feiner Verteilung in der humosen Grundmasse als auch in kompakten Stücken bzw. Stubben im Flöz eingebettet sein. Man unterteilt sie mit zunehmender Destruktion und Humifizierung in die Typen X_1—X_5 (SÜSS 1959). In der DDR haben die weniger zersetzten, xylitführenden, koniferenpollenbetonten Braunkohlenlithotypen einen wesentlichen Anteil im 2. Niederlausitzer Flöz (SÜSS u. a. 1960, SONTAG 1963). Der Xylitgehalt ist u. a. für die Beurteilung der Fazies einer Weichbraunkohlenablagerung und ihrer verarbeitungstechnischen Eigenschaften bei der Kohleveredlung bedeutungsvoll.

Bei der Bestimmung der ^{13}C-Häufigkeit an Proben der Inkohlungsreihe Torf—Braunkohle—Steinkohle zeigten die xylitführenden Braunkohlen aus dem Tagebau Nochten eine besonders starke Abweichung vom allgemeinen Trend (FISCHER u. a. 1968) (Abb. 1). Aus den xylitführenden Kohlen ausgelesener Xylit besaß jeweils noch höhere $\delta\,^{13}C$-Werte als die Gesamtprobe. Um diese Beobachtung zu deuten, war es erforderlich, systematisch Xylite verschiedener Destruktionsgrade sowohl aus einer einzigen als auch aus verschiedenen Lagerstätten zu untersuchen. Die Ergebnisse sind Gegenstand der vorliegenden Arbeit.

2. Untersuchungsmethoden

Die massenspektrometrische Isotopenanalyse wurde am Verbrennungs-CO_2 mit Hilfe eines Atlas M 86, 180°-Massenspektrometers mit einem Doppelauffängersystem durchgeführt (GEISSLER u. a. 1968). Die angegebenen $\delta\,^{13}C$-Werte beziehen sich auf den Arbeitsstandard n-Decan, dessen relative Abweichung gegenüber dem PDB-Standard nach CRAIG $\delta\,^{13}C = -31{,}19‰$ beträgt. Die chemischen Untersuchungen erfolgten nach den für Torfe üblichen Methoden (SOUCI 1938). Die Aschegehalte wurden bei 800 °C ermittelt. Für die Elementaranalyse zur Bestimmung der Kohlenstoff- und Wasserstoffwerte wurde ein Kobaltkontakt zur Verbrennung eingesetzt. Die Bitumenausbeute wurde durch erschöpfende Extraktion im Soxhletapparat mit Benzol/Äthanol (1 : 1) und Eindampfen bei 105 °C erfaßt. Durch mehrfache Extraktion des mit 2%iger Salzsäure vorbehandelten Xylits mit 0,5%iger Natronlauge bei Zimmertemperatur wurden die Huminsäuren abgetrennt, danach mit Salzsäure ausgefällt und im Vakuum über Ätzkali bis zur Gewichtskonstanz getrocknet. Die Hymatomelansäuren sind die bei einer 96stündigen Reaktion mit Acetylbromid bei 45 °C in Lösung gehenden Anteile der Huminsäuren.

Die unlöslichen Bestandteile werden als Humussäuren bezeichnet. Die mit FEHLINGscher Lösung nach der Hydrolyse mit 80%iger Schwefelsäure nachgewiesenen reduzierenden Substanzen dienten zur Berechnung der Zellulose. Die Oxydierbarkeit gibt an, wieviel Kaliumjodat beim Kochen der Probe mit einer 0,1 n-Lösung dieses Reagens reduziert wird (SCHLUNGBAUM u. a.

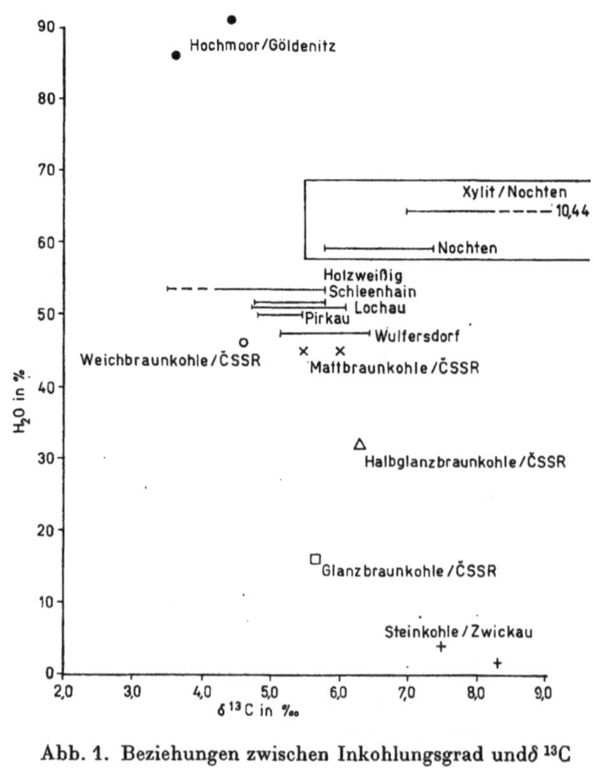

Abb. 1. Beziehungen zwischen Inkohlungsgrad und $\delta\,^{13}C$

Eingang des Manuskripts in der Redaktion: 29. 12. 1970.

Wir möchten Frau FLÜGEL und Frau REICHELT von der massenspektrometrischen Abteilung des ZGI, Bereich Stabile Isotope, für die Durchführung der Isotopenanalysen danken.

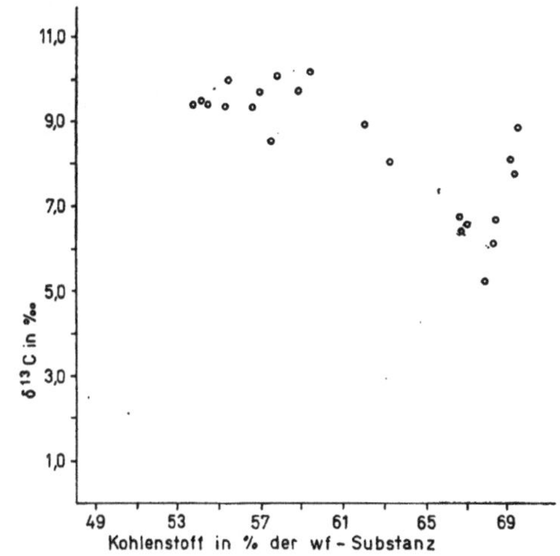

Abb. 2. Beziehung zwischen Kohlenstoffgehalt und $\delta\,^{13}C$-Werten von Xyliten

1967). Die Methoxylgruppen wurden nach der von VIEBÖCK und SCHWAPPACH modifizierten Methode (VIEBÖCK u. a. 1930) von ZEISL ermittelt.

3. Diskussion der Ergebnisse

In Tab. 1 sind die massenspektrometrischen und chemischen Untersuchungsergebnisse sowie Angaben über die Herkunft und den Destruktionsgrad der Xylite zusammengestellt.

^{13}C-Häufigkeit und Destruktionsgrad

Aus dem Vergleich der Angaben für den Destruktionsgrad der im Rahmen dieser Arbeit untersuchten Proben und den für diese ermittelten ^{13}C-Häufigkeiten lassen sich folgende Schlußfolgerungen ziehen:

1. Die Betrachtung der Proben mehrerer Lagerstätten läßt keine eindeutige Beziehung zwischen den Parametern erkennen. Sowohl bei Proben des Typs X_1 als auch bei solchen des Typs X_5 werden $\delta\,^{13}C$-Werte zwischen +8‰ und +9‰ ermittelt. Trotzdem läßt sich feststellen, daß bis auf wenige Ausnahmen die Werte >9‰ den Proben der Typen X_1—X_3 und die <9‰ den Proben der Typen X_4 und X_5 zugeordnet werden können.

2. Bei der Betrachtung von Proben einer Lagerstätte sind dagegen recht brauchbare Beziehungen erkennbar. Mit zunehmendem Destruktionsgrad ist bei Proben eines Horizonts, d. h. bei solchen mit annähernd gleichem geologischem Alter, festzustellen, daß die Werte für die ^{13}C-Häufigkeiten abnehmen, z. B. Proben Burghammer, Hochschnitt (Nr. 5, 7, 9, 14, 15) von +9,90‰ auf +5,20‰ oder Proben „Glückauf IV" (Nr. 6, 8, 11, 16, 17, 18, 19) von +10,20‰ auf +6,44‰. Nicht so gut ausgebildet ist dieser Trend bei den Proben eines Stubbens aus Piskowitz (Nr. 2, 3, 4, 12, 13). Hier wird bei einer Änderung des Destruktionsgrads von X_1 auf X_3 nur eine geringfügige Abnahme der ^{13}C-Häufigkeiten ermittelt, und zwar von +9,45 auf +8,94‰. Diese Piskowitzer Proben enthalten relativ viel Zellulose wie auch die Proben mit einem höheren Destruktionsgrad. Die Zelluloseanteile üben einen star-

Tab. 1. $\delta\,^{13}C$-Werte und chemische Kenngrößen von Xyliten

Nr.	Herkunft der Probe	Destruktionsgrad	$\delta\,^{13}C$ gegen n-Decan [‰]	% der wasserfreien Substanz									mval/g
				Asche	Kohlenstoff	Wasserstoff	Bitumen	Huminsäuren	Hymatomelansäuren	Humussäuren	Zellulose	$-OCH_3$	Oxydierbarkeit
1	Piskowitz, oberer Horizont	X_1	+ 8,56	0,81	57,05	6,07	11,62	7,7	6,9	0,8	26,72	6,25	6,39
2	Piskowitz, tieferer Horizont, Stubben außen	X_1	+ 9,40	0,58	54,08	5,82	7,11	3,3	3,1	0,2	36,12	6,07	5,73
3	Piskowitz, gleicher Stubben wie 2, Kernholz	X_1	+ 9,45	1,24	53,44	5,63	7,99	4,5	4,3	0,2	31,20	6,92	5,45
4	Piskowitz, gleicher Stubben wie 2	X_2	+ 9,35	15,60	47,78	4,85	6,86	7,5	5,0	2,5	25,37	5,65	6,67
5	Burghammer, Hochschnitt	X_2	+ 9,73	0,85	56,46	5,87	2,47	2,7	2,4	0,3	29,07	6,82	8,17
6	„Glückauf IV"	X_2	+10,15	1,13	57,24	5,69	2,64	2,4	2,1	0,3	25,69	6,75	7,76
7	Burghammer, Hochschnitt	X_{2-3}	+ 9,90	0,97	54,84	5,73	2,34	2,3	2,0	0,3	35,58	6,66	7,71
8	„Glückauf IV"	X_{2-3}	+ 9,36	0,88	54,78	5,73	1,98	1,3	1,2	0,1	30,29	6,54	7,77
9	Burghammer, Hochschnitt	X_3	+ 6,31	2,58	66,47	5,13	4,35	9,7	6,8	2,9	5,00	6,93	17,38
10	Burghammer, Tiefschnitt	X_3	+ 9,78	0,82	58,43	5,47	2,27	2,0	1,7	0,3	9,11	6,85	9,75
11	„Glückauf IV"	X_3	+10,20	0,86	58,87	5,50	2,07	2,2	2,1	0,1	26,76	8,22	10,52
12	Piskowitz, gleicher Stubben wie 2	X_3	+ 9,44	1,35	53,08	5,62	3,67	6,1	5,1	1,0	31,82	6,14	7,16
13	Piskowitz, gleicher Stubben wie 2	X_3	+ 8,94	3,49	59,88	5,04	8,36	17,0	12,6	4,4	14,54	8,21	10,22
14	Burghammer, Hochschnitt	X_4	+ 6,68	1,91	67,10	5,05	4,15	6,2	5,6	0,6	4,37	9,83	16,20
15	Burghammer, Hochschnitt gegenüber 14, horizontal an anderer Stelle entnommen	X_4	+ 5,20	5,97	63,75	4,58	4,97	8,4	5,8	2,6	1,30	7,29	25,77
16	„Glückauf IV"	X_4	+ 8,04	2,10	61,78	5,60	3,30	2,8	2,3	0,5	13,78	9,51	14,43
17	„Glückauf IV", Tiefschnitt	X_{4-5}	+ 6,54	5,65	63,21	4,82	5,16	42,4	4,9	37,5	5,95	3,23	12,24
18	„Glückauf IV", Tiefschnitt	X_5	+ 6,44	5,59	63,15	4,30	3,86	42,7	7,4	35,3	2,85	3,81	13,07
19	„Glückauf IV", Tiefschnitt gegenüber 18, horizontal an and. Stelle entn.	X_5	+ 6,71	4,81	63,53	4,51	2,98	28,5	11,0	17,5	3,79	6,20	13,67
20	Berzdorf, Tiefschnitt, 2 m über Liegendem	X_5	+ 7,85	3,65	66,76	5,30	2,44	6,8	4,5	2,3	0	7,98	8,30
21	Berzdorf, Tiefschnitt, 5 m ü. L.	X_5	+ 8,04	4,19	66,34	5,15	2,61	7,9	3,3	4,6	0	7,73	9,88
22	Berzdorf, Tiefschnitt, 2 m ü. L.	X_5	+ 8,92	3,49	67,15	5,03	3,46	7,3	2,1	5,2	0	7,73	8,56

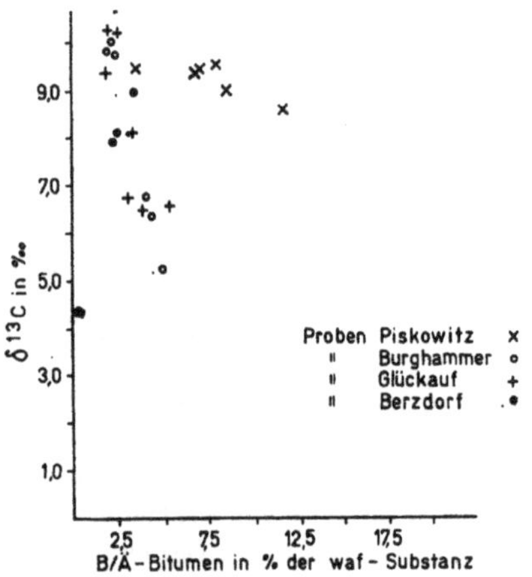

Abb. 3. Beziehung zwischen Benzol/Äthanol-Bitumengehalt und δ ^{13}C-Werten von Xyliten

ken Einfluß auf die ^{13}C-Häufigkeit aus, worauf bei der Diskussion der Abb. 4 näher eingegangen wird, und bewirken wahrscheinlich diese Ausnahmestellung.

Die geringfügig geologisch älteren Proben weisen die höheren Werte für die ^{13}C-Häufigkeit auf. Dies zeigt der Vergleich der Proben des oberen und des tiefen Horizonts aus Piskowitz (Nr. 1 und 2) bzw. der Proben des Hochschnitts und des Tiefschnitts aus Burghammer (Nr. 9 und 10). Diese Schlußfolgerung stimmt nun wieder mit dem in Abb. 1 dargestellten allgemeinen Trend überein, nach dem die ^{13}C-Häufigkeit mit zunehmendem geologischem Alter ansteigt.

Weiterhin können größere Differenzen bei Proben gleichen Destruktionsgrads festgestellt werden, wenn die Probenahme an horizontal verschiedenen Stellen des Flözes erfolgte. Das zeigt sich sowohl beim Vergleich der Proben 14 und 15 aus Burghammer als auch beim Vergleich der drei Berzdorfer Proben (Nr. 20, 21, 22), die alle dem Typ X_5 angehören. Diese Ergebnisse sind so zu erklären, daß das jeweilige ursprüngliche Pflanzenmaterial unterschiedliche ^{13}C-Häufigkeit besessen hat und daß dieses bei der Destruktion mehr oder weniger erhalten geblieben ist.

^{13}C-Häufigkeit und chemische Zusammensetzung

Die Kohlenstoffwerte der untersuchten Xylite variieren zwischen 53,08 und 67,15% der wf-Substanz, wenn man die aschereichere Probe Nr. 4 unberücksichtigt läßt, die im Zellverband Schwefelkies führt. Die δ ^{13}C-Werte nehmen bei den Xyliten mit steigenden Kohlenstoffgehalten innerhalb eines Streubandes ab (Abb. 2), während sie bei den Kohlen zunehmen, wie sich aus Abb. 1 (FISCHER u. a. 1968) ableiten läßt.

Die obenerwähnten Unterschiede der δ ^{13}C-Werte zwischen den Proben gleichen Destruktionsgrads spiegeln sich auch im Kohlenstoffgehalt wider. Xylite gleichen Destruktionsgrads besitzen nicht immer gleichen Kohlenstoffgehalt. Es sei besonders darauf hingewiesen, daß bei den geologisch älteren und ^{13}C-reicheren Proben ein geringerer Kohlenstoffgehalt gefunden wurde (vergleiche die Proben 9 und 10 sowie 1 und 2).

Analog den Kohlen (FISCHER u. a. 1968) ist bei den Xyliten mit steigender Bitumenausbeute eine Abnahme

Tab. 2. ^{13}C-Häufigkeiten und Ausbeuten aus Xyliten isolierter Zellulose

Zellulose aus Xylit Nr.	Typ	δ ^{13}C ‰	Zellulose isoliert nach FISCHER u. a. 1968 %
2	X_1	+12,03	21,9
5	X_2	+11,62	53,4
7	X_{2-3}	+12,28	46,7
16	X_3	+12,48	50,4
14	X_4	+ 9,85	7,5
18	X_5	+ 8,85	4,0

der δ ^{13}C-Werte zu verzeichnen (Abb. 3). Die Tendenz ist jedoch weniger ausgeprägt, da die Bitumenanteile der Xylite allgemein geringer sind als die der Kohlen und erhebliche Streuungen erkennbar sind. Vergleicht man jedoch nur Proben aus einer Lagerstätte (Abb. 3), so ist die Tendenz wesentlich besser ausgeprägt. Die Huminsäuren treten in den Xyliten zwar in sehr unterschiedlichen Mengen auf (1,7—42,7%), sie lassen aber keine eindeutige Beziehung zur ^{13}C-Häufigkeit erkennen, wie dies auch bei den Kohlen beobachtet wurde.

Die meisten der untersuchten Xylite enthalten nur unbedeutende Mengen an Humussäuren. Lediglich die Proben des Typs X_5 aus dem Tagebau „Glückauf" bilden mit Werten von 17,5—37,5% bemerkenswerte Ausnahmen.

Die Unterschiede zwischen den δ ^{13}C-Werten dieser Proben und denen vom gleichen Typ aus Berzdorf erhalten durch diese chemischen Analysenergebnisse eine gewisse Erklärung. Die Anteile an Hymatomelansäuren lassen ebenfalls keine Zusammenhänge zur Isotopenhäufigkeit erkennen.

Einen entscheidenden Einfluß auf die ^{13}C-Häufigkeit der Xylitproben üben deren Zelluloseanteile aus. Mit steigenden Mengen dieser Stoffgruppe nehmen die δ ^{13}C-Werte zu (Abb. 4). Dieser Befund wird durch die Tatsache bestätigt, daß aus einigen Proben isolierte Zellulose mit +8,85—+12,48‰ relativ ^{13}C-reich ist (FISCHER u. a. 1970) (Tab. 2). Die höheren δ ^{13}C-Werte wurden vorwiegend bei den Zellulosen aus weniger stark zersetzten Xyliten vom Typ X_1—X_3 gefunden.

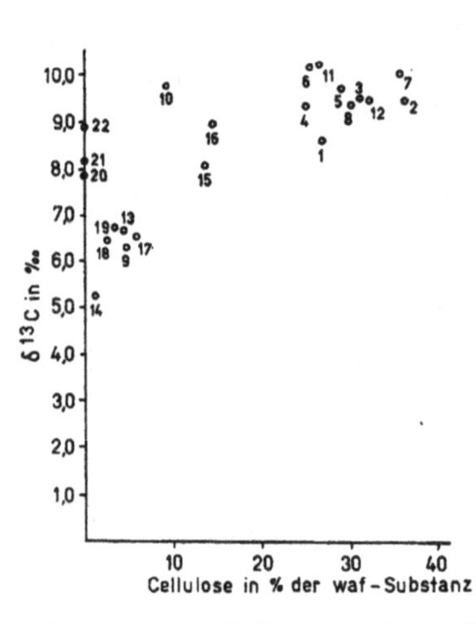

Abb. 4. Beziehung zwischen Zellulosegehalt und δ ^{13}C-Werten von Xyliten

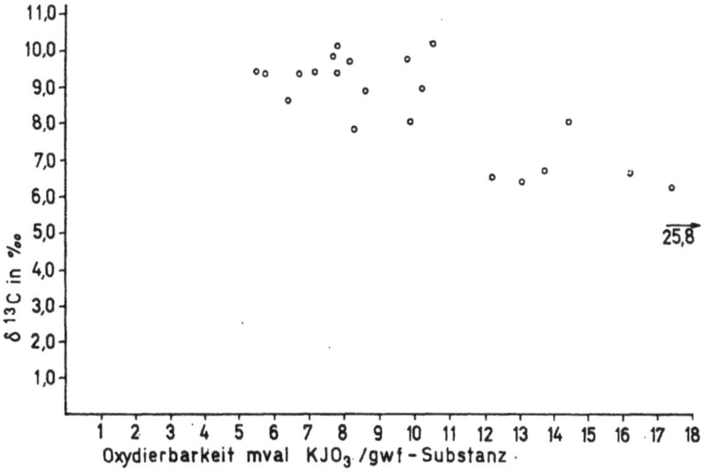

Abb. 5. Beziehung zwischen Oxydierbarkeit und $\delta\,^{13}C$-Werten von Xyliten

Die Zellulose wurde nach NORMAN und JENKINS (SIEBER 1951) isoliert, wobei man größere Ausbeuten (Tab. 2) erhielt, als mit Hilfe FEHLINGscher Lösung festgestellt werden konnten (Tab. 1). Durch die Verunreinigungen in den isolierten Zellulosen sind wahrscheinlich deren $\delta\,^{13}C$-Werte noch zu niedrig gemessen worden.

Die Streuungen der Meßpunkte in Abb. 4 sind teilweise durch den Einfluß wechselnder Mengen anderer Inhaltsstoffe in den Xyliten zu erklären. Diese Inhaltsstoffe besitzen andere ^{13}C-Häufigkeiten als die Zellulose und verändern die $\delta\,^{13}C$-Werte der Xylite, die aus den Anteilen aller Komponenten resultieren. So müssen steigende Anteile an Bitumina, die durch die niedrigsten $\delta\,^{13}C$-Werte ausgezeichnet sind (FISCHER u. a. 1968, FISCHER u. a. 1970), auf die ^{13}C-Häufigkeit der Xylite erniedrigend wirken. Deswegen weisen z. B. die bitumenreicheren Xylite Nr. 2 gegenüber 7 bzw. 1 gegenüber 4 niedrigere ^{13}C-Häufigkeiten auf, obwohl bei Gegenüberstellung der Proben fast gleiche Zellulosegehalte nachgewiesen werden.

Durch die Huminsäureanteile vermindert sich ebenfalls die ^{13}C-Häufigkeit, wie die Proben 17—19 zeigen, die wesentlich mehr Huminsäuren als die Proben 20—22 enthalten. Für die starke Abweichung der Probe 11 liefern die vorliegenden chemischen Ergebnisse keine Erklärung.

Der niedrige $\delta\,^{13}C$-Wert der Probe 15 kann mit der außergewöhnlich großen Oxydierbarkeit von 25,8 mval in Verbindung stehen, die bei allen anderen Proben < 18 mval ist. In die Beziehung zwischen Oxydierbarkeit und $\delta\,^{13}C$-Werten (Abb. 5) ordnet sich diese Probe als Extremwert gut ein. Mit abnehmender ^{13}C-Häufigkeit ist eine Zunahme der Oxydierbarkeit zu erkennen. Sie kann in diesem Zusammenhang nur als Indikator für Unterschiede in der chemischen Zusammensetzung dienen, die mit den anderen ermittelten chemischen Kenngrößen nicht erfaßt wurden.

Die Gehalte an Methoxylgruppen, als ein Maß für die Menge an Ligninbestandteilen, korrelieren bei den Xyliten nicht mit der ^{13}C-Häufigkeit.

Zusammenfassung

Eine Beziehung zwischen der ^{13}C-Häufigkeit und dem Destruktionsgrad der Xylite ist nur innerhalb der Proben aus jeweils einem Tagebau deutlich zu erkennen. Es liegen demnach ähnliche Verhältnisse wie bei den Braunkohlen vor, bei denen ein Einfluß der Fazies festgestellt worden war. Die geologisch älteren Xylite aus dem Tiefschnitt sind bei gleichem Destruktionsgrad ^{13}C-reicher als die geologisch geringfügig jüngeren Proben aus dem Hochschnitt. In horizontaler Richtung an verschiedenen Stellen des Flözes entnommene Proben weisen ebenfalls Unterschiede in der ^{13}C-Häufigkeit auf. Bei Proben unterschiedlichen Destruktionsgrads aus einem Stubben, also gleichem pflanzlichem Ausgangsmaterial, konnten keine wesentlichen Abstufungen in der Isotopenhäufigkeit beobachtet werden.

Die ^{13}C-Häufigkeiten stehen zu einigen der ermittelten chemischen Kenngrößen in Beziehung. So nehmen z. B. mit steigendem Gehalt an Zellulose die $\delta\,^{13}C$-Werte der Xylite zu. Die Zellulose ist relativ ^{13}C-reich, wie aus einigen Xyliten isolierte Zellulosen beweisen. Dadurch werden die besonders starken Abweichungen xylitführender Kohlen vom allgemeinen Trend verständlich, der zwischen Inkohlungsgrad und ^{13}C-Häufigkeit vorhanden ist.

Резюме

Связь между распространенностью ^{13}C и степенью деструкции ксилитов можно отчетливо узнать только внутри проб из одного карьера. Следовательно, существуют подобные отношения как при бурых углях, при которых было установлено влияние фаций. Геологически более старые ксилиты из уступа нижнего черпания при одинаковой степени деструкции богаче ^{13}C, чем геологически незначительно более молодые пробы из уступа верхнего черпания. Пробы, отобранные в горизонтальном направлении на различных местах пласта, также обнаруживают в распространенности ^{13}C. При пробах различной степени деструкции из одного пня, как одинакового исходного растительного вещества, не наблюдались значительные градиации в распространении изотопов.

Summary

A relation between the ^{13}C abundance and the degree of destruction of xylites can clearly be stated only in samples taken each time from one opencast mine. Accordingly, conditions resembling those in brown coals in which an influence of the facies had been found present themselves. At an equal degree of destuction deep-cut xylites of a major geological age are richer in ^{13}C than high-cut samples of a slightly younger geological age. Samples taken horizontally in various places of the seam also show differences in the ^{13}C abundance. Essential degradations in the isotope abundance could not be observed in samples of a different degree of destruction taken from a stump presenting the same vegetal starting material.

Literatur

FISCHER, W., I. MAASS & E. SONTAG: $^{12}C/^{13}C$-Untersuchungen an Braunkohleinhaltsstoffen. – Z. angew. Geol., 16, 3, 126–130, Berlin 1970.
FISCHER, W., I. MAASS, E. SONTAG & M. SÜSS: $^{12}C/^{13}C$-Untersuchungen an petrologisch, chemisch und technologisch charakterisierten Braunkohleproben. – Z. angew. Geol., 14, 4, 182–187, Berlin 1968.
GEISSLER, CHR., & I. MAASS: Verfahren zur Umarbeitung geologischer Proben für die massenspektrometrische Isotopenanalyse am Kohlenstoff. – Isotopenpraxis, 4, 7, 280–282 (1968).
JACOB, H., & S. WAGNER-BEEGER: Zur Methodik und praktischen Bedeutung der Bestimmung des Xylitgehaltes in Weichbraunkohlen. – Freiberger Forsch.-H., A 44, 80–95, Berlin 1955.
JURASKY, K. A.: Wandlungen des Holzes auf dem Wege zur Kohle. – Geol. Rdsch., 29, 441–461, 1938 [1938a].
– Die Beteiligung verholzter Pflanzengewebe am Aufbau der Braunkohle. Mit Bemerkungen über Entstehung, Auftreten und stofflichen Zustand (Zellulosegehalt) der Xylite. – Braunkohle, 37, 51, 901–905, 1938; 52, 919–923 (1938) [1938b].
POTONIÉ, R.: Einführung in die allgemeine Kohlenpetrographie. – Verl. Gebr. Borntraeger, Berlin 1924.
SCHLUNGBAUM, G., W. FISCHER & L. BELAU: Chemische Vorkommen von Braunkohlen aus Vorkommen in der DDR. – XV. Zur Kennzeichnung von Braunkohle-Lithotypen durch ihre Oxydierbarkeit. – Bergbautechnik, 17, 129–133 (1967).
SCHOCHARDT, M.: Grundlagen und neuere Erkenntnisse der angewandten Braunkohlenpetrographie. – Verl. W. Knapp, Halle 1943.
SIEBER, R.: Die chemisch-technischen Untersuchungsmethoden der Zellstoff- und Papierindustrie. – 2. Aufl., 121 S., Springer-Verl., Berlin, Göttingen, Heidelberg 1951.
SONTAG, E.: Mikrobotanische und spektrochemische Untersuchungen am 2. Niederlausitzer Flözhorizont. – Diss. Bergakad. Freiberg, Freiberg 1963.
SOUCI, S. W.: Die Chemie des Moores. – Ferdinand Enke Verl., Stuttgart 1938.
SÜSS, M.: Petrologische und technologische Untersuchungen am 2. und 4. Niederlausitzer Flözhorizont. – Freiberger Forsch.-H., C 185, VEB dt. Verl. Grundstoffind., Leipzig 1964.
– Zur Petrographie des Xylits. – Freiberger Forsch.-H., A 148, 14–33, Akad.-Verl., Berlin 1959.
SÜSS, M., & E. SONTAG: Petrologische Untersuchungen des Bitterfelder Braunkohlevorkommens im Bereich des Tagebaues Holzweißig und Goitsche. – Freiberger Forsch.-H., A 160, 5–39, Akad.-Verl., Berlin 1960.
VIEBÖCK, F., & A. SCHWAPPACH: Eine neue Methode zur maßanalytischen Bestimmung der Methoxyl- und Äthoxylgruppe. – Ber. dt. chem. Ges., 63, 10, 2818–2823, Berlin 1930.

Die Verwendung mathematischer Methoden zur Analyse der die Maßstäbe der Vererzung beeinflussenden Faktoren

Dargestellt am Beispiel von Lagerstätten der Kassiterit-Sulfid-Formation

R. M. KONSTANTINOW & A. N. DMITRIJEW, UdSSR

Durch Methoden der diskreten Analyse werden die Informationsgewichte der geologischen Merkmale für die Bildung großer Kassiterit-Sulfid-Lagerstätten festgestellt. Da sich die Summe dieser Informationsgewichte in enger Übereinstimmung mit den Lagerstättenvorräten befindet, können die erhaltenen Ergebnisse für einige theoretische Folgerungen und bei der vorläufigen Einschätzung der Lagerstätten verwendet werden.

Die Untersuchung der geologischen Faktoren, die das Auftreten von Lagerstätten einer beliebigen Erzformation bestimmen, mit mathematischen Methoden ist eine bedeutend kompliziertere Aufgabe als z. B. die Bestimmung ihrer typischen Mineralzusammensetzung. Die Schwierigkeiten hängen hier sowohl mit der Vielfalt der Faktoren zusammen als auch damit, daß sie rein qualitative beschreibende Charakteristiken haben. Bedeutende Komplikationen werden auch durch die geringe Anzahl gutuntersuchter Objekte — Lagerstätten einer beliebigen Erzformation — hervorgerufen.

Es sei bemerkt, daß immer mannigfaltigere mathematische Methoden in die Praxis der geologischen Untersuchungen eindringen. Die bekannten Arbeiten von A. B. WISTELIUS, D. A. RODIONOW und J. A. WORONIN bilden eine gute Grundlage für die weitere Verwendung der Mathematik in der Geologie, im wesentlichen auf statistischer Basis. Die Vielfalt der geologischen Aufgaben führt jedoch in einer Reihe von Fällen den Bearbeiter in ein Gebiet, in dem die statistischen Methoden keine befriedigende Lösung bieten. Die hier liegenden Aufgaben hängen in der Regel mit der Untersuchung einzigartiger Erscheinungen zusammen, ferner mit der Notwendigkeit, mit nicht eindeutig formulierbaren Merkmalen, mit unvollständigen Charakteristiken der Objekte, mit unterschiedlicher Natur der Informationen (Karten, Schemata, Beschreibungen usw.) arbeiten zu müssen. In diesen Fällen werden neue Formen der Bearbeitung und der Bewertungsmaße verwendet, z. B. Informationsmaße, zwei- und mehrdeutige Logiken, die Graphentheorie u. a.

Einige geologische Aufgaben, darunter auch die zu behandelnde, besitzen eine solche Kompliziertheit in der Fragestellung und eine so vielfältige Natur der Informationen, daß man mehrere Verfahren anwenden muß, die zu verschiedenen Bereichen der Mathematik gehören.

Die Analyse der die Maßstäbe der Vererzung beeinflussenden Faktoren wurde nach dem folgenden allgemeinen Schema vorgenommen:

a) Es erfolgen die professionelle Aufnahme des Untersuchungsmaterials, eine allgemeine Mobilisierung der Informationen zur gestellten Frage sowie eine Bearbeitung der Skala von Merkmalen, die für die zu untersuchenden Objekte wesentlich sind. Hierbei können für die Sammlung der Daten mit Erfolg Lochkarten benutzt werden (KONSTANTINOW 1966).

b) Wo das möglich ist, wird eine statistische Bearbeitung und eine Gruppierung des Materials vorgenommen (KONSTANTINOW & BUNITSCH 1967; KONSTANTINOW u. a. 1968).

c) Unter Berücksichtigung von a) und b) erfolgen die endgültige Formulierung der Frage und die Lösung der Aufgabe mittels der logisch-diskreten Methode (DMITRIJEW u. a. 1968) mit Mitteln der logischen Kontrolle.

Wir verweilen bei der ausführlichen Darlegung der Ergebnisse der dritten Etappe der Lösung (c). Die Exaktheit der Lösung wird durch die üblichen Faktoren für alle bekannten Prozeduren der Aufgaben im Raum der qualitativ formulierbaren Merkmale bestimmt, d. h., sie hängt von der Aufgabenstellung und der Vollständigkeit der berücksichtigten Information ab.

Die Wahl der logisch-diskreten Analyse als des Hauptlösungsmittels wurde von folgenden Umständen beeinflußt:

1. Die Anwendung der logisch-diskreten Analyse lieferte bei Aufgaben dieser Art bereits positive praktische und theoretische Resultate.

Aus: „Geologija rudnych mestoroshdenij", XII, 2 (März/April), S. 56–64, (1970).
Übers.: W. OESTREICH, Berlin.

2. Die auf diesem Wege zu erzielenden Ergebnisse lassen sich unserer Meinung nach vom professionellen Gesichtspunkt leichter und eingehender interpretieren, da die logischen Prozeduren der Rechnung die Logik der Geologen bei der Beschreibung der zu beobachtenden Objekte und Erscheinungen beibehalten.

Zur Ermittlung der geologischen Merkmale, die große Objekte charakterisieren — Lagerstätten innerhalb der durch vorangegangene statistische Untersuchungen ausgesonderten Mineralgruppe, die nach der stofflichen Zusammensetzung der Kassiterit-Sulfid-Formation entspricht —, wurden die interessantesten und am besten untersuchten Lagerstätten des Pazifischen Erzgürtels gewählt. Die logischen Operationen zur Bestimmung des Charakterisierungsgrads der verschiedenen Merkmale wurden an statistisch bearbeitetem und gruppiertem Material vorgenommen.

Die Methoden zur Vorbereitung und nachfolgenden Bearbeitung der verschiedenen geologischen Information sind in der Spezialliteratur dargelegt (DMITRIJEW u. a. 1968), daher beschränken wir uns hier nur auf das Aufzählen der aufeinanderfolgenden Operationen, die bei der Lösung der Aufgabe auszuführen sind.

a) Vor allem muß das Ziel der Untersuchung klar formuliert werden (in unserem Fall die Ermittlung der Merkmale großer Lagerstätten, die zu einer statistischen Mineralgruppe gehören, die der Kassiterit-Sulfid-Formation entspricht).

b) Es erfolgt die Auswahl von „Eich"objekten — gutuntersuchten Objekten, die zur entsprechenden Gruppe gehören und gleichen Untersuchungsgrad aufweisen.

3. Die Auswahl der geologischen Merkmale für die Untersuchung wird vorgenommen.

Hierbei wird zuerst eine Liste aller Faktoren aufgestellt, von denen man annehmen kann, daß sie Einfluß auf die Lagerstättenbildung haben. Dann werden diese Merkmale kritisch analysiert und nur solche gelten gelassen, die bestimmte Tatsachen widerspiegeln, nicht aber Folgerungen oder Meinungen darstellen. Bei der Ausarbeitung der Skala von Merkmalen muß man darauf achten, unter einheitlichem Gesichtspunkt an den Untersuchungsgrad des Materials heranzugehen. Nehmen wir an, daß man gleichzeitig Lagerstätten betrachten muß, von denen einige nur nach Literaturdaten, andere nach der Literatur und nach Beobachtungen des Bearbeiters bekannt sind, dann muß man in diesem Fall natürlich die am wenigsten detaillierten Literaturbeschreibungen als Grundlage nehmen. Im entgegengesetzten Fall bleibt die Anwesenheit vieler Merkmale unklar. Das gleiche gilt auch dann, wenn als „Eich"lagerstätten solche untersucht werden, auf denen die Erkundung gerade begonnen hat, sowie solche, die bereits im Abbau stehen. Auch in diesem Fall muß man als Grundlage das minimale Niveau der Untersuchung in Ansatz bringen, d. h. das Niveau, das zu Erkundungsbeginn der Lagerstätten existiert. Schließlich werden in der Liste der Merkmale nur solche belassen, die wenigstens auf einem zu betrachtenden Objekt festzustellen sind.

Als Ergebnis einer solchen Analyse wählten wir aus mehr als zweihundert verschiedenen geologischen Merkmalen der Kassiterit-Sulfid-Lagerstätten, die im Bereich des Pazifischen Erzgürtels liegen, für die nachfolgende Untersuchung etwa siebzig aus. Wir unterschieden folgende Gruppen: regionale geologische Strukturen (7 Merkmale); lokale erzumgebende Strukturen (12); Morphologie der Erzkörper (8); Faktoren der magmatischen Kontrolle (12); Nebengesteine (11); Nebengesteinsveränderungen, die mit der Erzbildung verbunden sind (11); sonstige Faktoren (10).

4. Die gesamte Information wird in einer Tabelle zusammengestellt, in der die Zeilen den „Eich"lagerstätten (den großen Lagerstätten) entsprechen, während die Spalten den Merkmalen entsprechen. Diese Tabelle wird zusätzlich speziell bearbeitet (man entfernt aus ihr die Merkmale, die in allen „Eich"lagerstätten fehlen oder auftreten, usw.).

5. Die Tabelle wird darauf mit einer elektronischen Rechenanlage untersucht, um die Wichtigkeit der Informationsmerkmale zu erhalten, d. h., es erfolgt die Ermittlung der Kriterien, die für die Charakteristik bestimmter Objekte — in unserem Fall relativ größere Kassiterit-Sulfid-Lagerstätten — wesentlich sind. Diese Kriterien bestimmen den Grad, inwieweit jedes Merkmal für diese Lagerstätten charakteristisch ist. Es sei darauf hingewiesen, daß eine derartige Untersuchung der Tabellen selbst für elektronische Rechenanlagen außerordentlich arbeitsaufwendig ist.

Als charakteristisch für die Kassiterit-Sulfid-Lagerstätten des Pazifischen Erzgürtels erwiesen sich 37 Merkmale, die in der Tabelle aufgeführt werden. Darunter ist kein Kriterium, das ein Geologe mittlerer Qualifikation im Stadium der geologischen Voruntersuchung einer Lagerstätte nicht feststellen könnte. Der Vergleich mit gutuntersuchten Objekten als „Eich"lagerstätten ist notwendig, um zu garantieren, daß keines der Merkmale ausgelassen wird, nicht aber wegen ihrer Nutzung der Merkmale, da ihr Nachweis erst bei der eingehenden Erkundung oder beim Abbau möglich ist.

6. Auf der Basis der Wichtigkeit der Informationsmerkmale berechnen wir dann die Informationswerte der Zeilen in der Tabelle, d. h., wir erhalten die Summen der Kriterienwerte, die jedem Eichobjekt eigen sind.

Durch diese Operationen gelingt es, ein System von Merkmalen zu ermitteln, die für die als Vergleich genommenen Lagerstätten besonders charakteristisch sind. Die Summe der Informationswerte dieser Merkmale befindet sich in direkter Übereinstimmung mit den relativen Größen der Lagerstätten. In hinreichend deutlicher Form wurde diese Übereinstimmung auch in unserem Fall für die Kassiterit-Sulfid-Lagerstätten festgestellt (Abb. a).

Die für 10 große „Eich"lagerstätten des Pazifischen Erzgürtels erhaltenen Informationswerte ergaben in ihrer Summe die Informationswerte der Lagerstätten, die ihren relativen Größen weitgehend entsprechen. Eine ähnliche Übereinstimmung wurde auch auf den zur Überprüfung der Methode ausgewählten fünfzehn

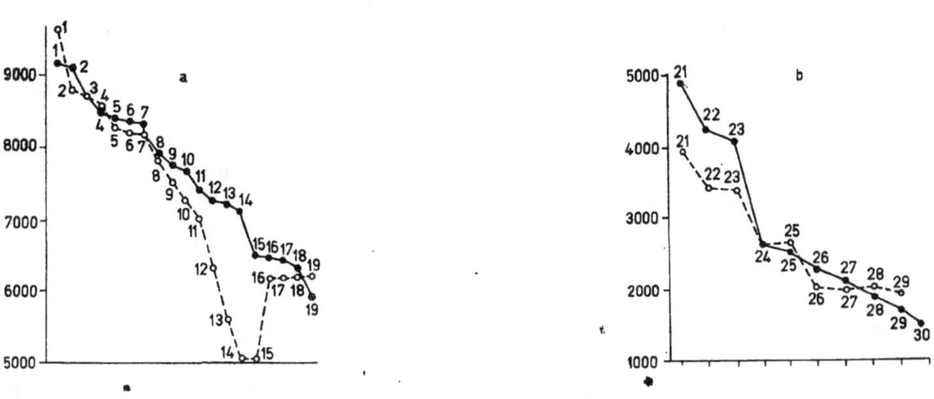

Die Beziehungen zwischen den Informationswerten und den relativen Maßstäben für die Kassiterit-Sulfid-Lagerstätten des Pazifischen Erzgürtels (a) und des fernöstlichen Küstengebiets (b)

Nach der Ordinate sind die Informationswerte der Lagerstätten (schwarze Kreise) und deren relative Maßstäbe in bedingten Einheiten (helle Kreise) abgetragen. Die Lagerstättennummern (1 bis 30) folgen nacheinander entsprechend der Abnahme ihrer Informationswerte.

relativ kleinen Objekten festgestellt (unterer Teil der Kurven auf Abb. a).

Es ist interessant, daß bei dieser Überprüfung die größten Abweichungen bei den Lagerstätten 13—16 auftraten, deren Erkundung und Abbau im Krieg und in den ersten Nachkriegsjahren durchgeführt wurde, als die Hauptaufmerksamkeit den Reicherzen galt. Man kann annehmen, daß deshalb die Abmessungen der Lagerstätten nicht exakt genug bewertet wurden.

Die Angaben über den Aussagegrad verschiedener geologischer Charakteristika für die interessantesten Kassiterit-Sulfid-Lagerstätten können bereits heute sowohl für eine vorläufige Bewertung der einzelnen zu dieser Gruppe gehörenden Lagerstätten als auch für die Wahl der sachgemäßen Untersuchungsrichtung auf wenig bekannten Objekten genutzt werden. Es wird deutlich, welche Kriterien bei der Untersuchung von Kassiterit-Sulfid-Lagerstätten besonders beachtet werden müssen. Dadurch kann die Arbeit der Geologen bedeutend effektiver abgewickelt werden.

Es mögen einige Bemerkungen zum Wesen der erhaltenen Angaben über die geologischen Faktoren folgen, die die Bildung großer Kassiterit-Sulfid-Lagerstätten beeinflussen. Es ist interessant, anhand der Summen der einzelnen Informationswerte die Charakteristika der verschiedenen Gruppen von geologischen Faktoren für einzelne große Kassiterit-Sulfid-Lagerstätten des Pazifischen Erzgürtels miteinander zu vergleichen.

Den ersten Platz nahmen hierbei die Faktoren der magmatischen Kontrolle ein (1584), den zweiten die Morphologie der Erzkörper (1249), den dritten die lokalen erzumgebenden Strukturen und die Veränderungen um die Erze (1110 bzw. 1135), den vierten die Nebengesteine (956), den fünften die regionalen geologischen Strukturen (811), den sechsten sonstige Faktoren (800), wie die Zonalität der Vererzung, das Auftreten einer Vererzung anderer Typen innerhalb des Erzfeldes und dergleichen mehr.

Bei den Faktoren der magmatischen Kontrolle haben saure subvulkanische Körper vom Typ der Necks, die die Träger der Vererzung sind oder räumlich eng mit ihr assoziieren, den größten Einfluß. Diese Folgerung steht in Übereinstimmung mit der in letzter Zeit festgestellten Tatsache, daß gewisse subvulkanische Komplexe eine erhöhte Erzführung aufweisen. Von den anderen Faktoren dieser Gruppe ist die bedeutende Rolle der mit der Vererzung assoziierenden Porphyrit- und Quarzporphyrgänge augenfällig. Dieser Umstand wurde des öfteren von vielen Geologen erwähnt.

Bei den Besonderheiten bezüglich der Lagerung der Erzkörper erlangen die Einfallswinkel der Erzkörper für mächtige Kassiterit-Sulfid-Lagerstätten eine unerwartet große Bedeutung. Charakteristisch für die Unterschiede zwischen verschiedenen Lagerstätten sind die Einfallswinkel von 50—90°. Diese Tatsache verlangt hinsichtlich der Strukturgeologie, der Dynamik und der physikochemischen Besonderheiten eine spezielle Untersuchung.

Als wesentliche lokale erzumgebende Strukturen stellten sich Klüfte der Einsystemscherung und Schieferungszonen sowie Klüfte der Zweisystemscherung heraus; von den plikativen Formen: lineare Falten, Kerne und Scharniere von Antiklinalen.

Von den Nebengesteinsveränderungen in der Nachbarschaft der Erze hat die Sericitisierung die größte Bedeutung. Dahinter folgt, für uns völlig unerwartet, die Vergreisung und dann erst die Verquarzung, die in den meisten Fällen von Turmalinisierung und Chloritisierung begleitet wird.

Die Rolle, die hierbei die Vergreisung spielt, zeugt offensichtlich von einer bedeutenden Entwicklungsperiode der hydrothermalen Prozesse. Hierbei fand eine Mineralisierung anderen Typs als die Kassiterit-Sulfid-Mineralisierung statt. Auf eine derartige Überprägung durch eine Mineralisation unterschiedlichen Typs, die in letzter Instanz zur Bildung von Lagerstätten komplizierter Erzformationen führt, die sich des öfteren durch erhebliche Größe auszeichnen, wurde bereits früher hingewiesen (KONSTANTINOW 1965).

Bei der Analyse der Rolle, die den Nebengesteinen zufällt, gab es einige unerwartete Folgerungen. Wie vorher vermutet wurde, waren hier Sandsteine, kohligtonige Schiefer sowie Folgen, in denen diese Gesteine wechsellagern, charakteristisch. Aber die festgestellte große Bedeutung, die den Konglomerat- und Grauwackenzwischenlagen in diesen Folgen zukommt, kann gegenwärtig nur hypothetisch erklärt werden. Wahrscheinlich konnten diese Schichten durch ihre erhebliche Porosität in manchen Fällen eine Entlastung der hydrothermalen Lösungen bewirken, in anderen wiederum die Zirkulation dieser Lösungen in Richtung auf die das Erz umgebenden Spalten befördern. In diesem Zusammenhang entsteht die Frage: Können nicht die Konglomerate und Grauwacken selbst Zinnkonzentrationen enthalten, die für eine industrielle Gewinnung ausreichen? Soweit uns bekannt ist, wurde speziell diese Frage von niemandem untersucht; aber auf einer der Zinnerzlagerstätten des Erzbezirks von Umsuktschan, im Gebiet Magadan, ist eine über 20 m mächtige Schicht von Konglomeraten mit erheblichem Zinngehalt bekannt.

Die regionalen geologischen Strukturen, die ihrer Bedeutung nach den fünften Platz einnehmen, bestimmen offensichtlich die Ausmaße der Erzbezirke und -knotenpunkte und nur in geringerem Umfang die Maßstäbe der einzelnen Kassiterit-Sulfid-Lagerstätten. Es erwies sich, daß hier durchsetzende verborgene Brüche des Fundaments die größte Bedeutung haben.

Es war interessant, die für die Kassiterit-Sulfid-Lagerstätten des Pazifischen Gürtels erhaltenen Daten mit den Charakteristika der Lagerstätten einer zu diesem Gürtel gehörenden metallogenetischen Provinz zu vergleichen. Unter diesem Gesichtspunkt wurden neun Kassiterit-Sulfid-Lagerstätten des fernöstlichen Küstengebiets betrachtet.

Die bei der mathematischen Behandlung erhaltenen Informationswerte der Charakteristika dieser Lagerstätten bringt die Tabelle. Wie für die Lagerstätten des Pazifischen Gürtels allgemein bilden die entsprechenden Informationswerte der Lagerstätten und ihrer Maßstäbe das Kriterium für die richtige Auswahl des Systems der Merkmale. Der Umstand, daß die Kriterien, die für die Lagerstätten des fernöstlichen Küstengebiets berücksichtigt wurden, in erheblichem Maße die geologischen Faktoren widerspiegeln, die die Erzbildung beeinflussen, wird durch die gute Übereinstimmung zwischen der Kurve der Informationswerte der Lagerstätten und der Kurve, die deren relative Maßstäbe zum Ausdruck

Tabelle. Die Informationswerte der Merkmale für Kassiterit-Sulfid-Lagerstätten

lfd. Nr.	Merkmale	Pazifischer Gürtel Informationswert	Pazifischer Gürtel %	fernöstliches Küstengebiet Informationswert	fernöstliches Küstengebiet %
1	2	3	4	5	6
	I. Regionale geologische Strukturen				
1.	terrigene Geosynklinalen	163	2,13	439	3,31
2.	Mittelmassive, Hebungen innerhalb von Antiklinorien	163	2,13		
3.	Synklinorien	163	2,13	439	3,31
4.	Tiefenbrüche, darunter verborgene Brüche des Fundaments	128	1,67	154	1,16
5.	Durchsetzen von verborgenen Brüchen	194	2,53	215	1,62
		811		1248	
	II. Lokale erzumgebende Strukturen				
6.	lineare Falten	172	2,24	439	3,31
7.	Querverbiegungen von Falten, flexurartige Biegungen			305	2,29
8.	Kerne und Scharniere von Antiklinalen	156	2,04	371	2,80
9.	Flanken von Antiklinalen			154	1,16
10.	Flanken von Synklinalen			211	1,59
11.	Abrißklüfte			182	1,37
12.	Spalten der Einsystem-Scherung und subparallele Störungen unklarer Genese	310	4,05	193	1,45
13.	Spalten der Zweisystem-Scherung und durchsetzende Klüfte unklarer Genese	207	2,70	211	1,59
14.	Schieferungs- und Klüftungszonen	265	3,46	188	1,42
		1110		1838	
	III. Morphologie der Erzkörper				
15.	Stockwerke			220	1,66
16.	Einzelgänge			193	1,45
17.	Gangzonen, vorwiegend Ausfüllung offener Klüfte	147	1,92	154	1,16
18.	Zerrüttungs- und Mineralisationszonen (vollständig oder teilweise metasomatisch)	163	2,13	211	1,59
	IIIa. Lagerungsbesonderheiten der Erzkörper				
19.	Einfallwinkel bis 50°	172	2,24		
20.	Einfallwinkel von 50° bis 75°	352	4,60	158	1,19
21.	Einfallwinkel steiler als 75°	415	5,42	371	2,80
	IV. Besonderheiten der Verteilung der Vererzung				
22.	Quecksilbervorkommen an den Flanken	157	2,05	177	1,33
23.	Blei-Zink-Vorkommen	196	2,56	220	1,66
24.	Auftreten von Axinittrümern			220	1,66
25.	Erzintervall > 200 m	147	1,92		
26.	Zonalität innerhalb der Erzkörper	170	2,22	154	1,16
27.	Zonalität innerhalb des Erzfeldes	130	1,70	220	1,66
28.	schlotartige Verteilung der Mineralisation			169	1,2
29.	gleichmäßige Verteilung			371	2,80
		800		1531	
	V. Magmatische Gesteine, die mit der Vererzung assoziiert sind				
30.	Granite unter den Erzkörpern	172	2,24		
31.	Granodiorite und Quarzdiorite in einer Entfernung bis zu 3 km	154	2,01	188	1,42
32.	Granodiorite und Quarzdiorite unter den Erzkörpern			235	1,77
33.	saure subvulkanische Körper, die die Vererzung umgeben, und in einer Entfernung bis 3 km	415	5,42	340	2,56
34.	basische und intermediäre subvulkanische Körper, die die Vererzung umgeben, und in einer Entfernung bis zu 3 km			220	1,66
35.	einzelne Gänge von Porphyriten, Granodioritporphyren, Andesitbasalten, Spessartiten, Dioritporphyriten, Andesiten und Diabasporphyriten	266	3,47	215	1,62
36.	Gangfelder von Porphyriten	211	2,75	221	1,67
37.	einzelne Gänge von Quarzporphyriten, Granitporphyren, Felsiten und Lipariten	155	2,02	215	1,62
38.	Gangfelder von Quarzporphyren	210	2,74	340	2,56
39.	Porphyrite innerhalb der Vererzung			305	2,29
40.	Quarzporphyre innerhalb der Vererzung			220	1,66
41.	Lavabreccien und Effusiva von Porphyriten und Andesiten in der Nähe der Erzkörper			340	2,56
		1584		2641	
	VI. Nebengesteine				
42.	Sandsteine	209	2,73	439	3,31
43.	kohlige Schiefer und tonige Aleurolithe	208	2,72	439	3,31
44.	Wechsellagerung von Sandsteinen und kohlig-tonigen Schiefern	139	1,81	188	1,42
45.	Wechsellagerung von Sandsteinen und Schiefern in einer tektonischen Zone („Tektonite“)			177	1,33
46.	Zwischenlagen von Konglomeraten und Grauwacken in einer Sandstein-Schiefer-Folge	237	3,10		
47.	Biotit- und andere Hornfelse	163			1,64
48.	intermediäre und basische Effusiva, Tuffe		2,13	218	
		956		1461	
	VII. Nebengesteinsveränderungen um die Erze				
49.	Vergreisung	223	2,91		
50.	Sericitisierung	415	5,42	211	1,59
51.	Verquarzung	193	2,52	439	3,31
52.	Turmalinisierung	170	2,22	125	0,94
53.	Karbonatisierung (Sideritisierung, Calcitisierung)			56	0,42
54.	Biotitisierung			196	1,48
55.	Sulfidisierung			439	3,31
56.	Chloritisierung	134	1,75	387	2,92
57.	Kaolinisierung			220	1,68
		1135		2073	
	VIII. Altersbeziehungen				
58.	mehr als drei Mineralisationsstadien	n. b.[1])		439	3,31
59.	drei Mineralisationsstadien und weniger			115	0,87
				554	

Anmerkung: Wo der Informationswert nicht angegeben ist, ist er kleiner als hundert und beeinflußt das Gesamtinformationsgewicht der Lagerstätte wenig.

[1]) nicht bestimmt.

bringt, unterstrichen (Abb. b). Man hätte wie im ersten Fall wahrscheinlich ein etwas anderes System der Merkmale wählen können; möglicherweise wären nach entsprechender Bearbeitung noch genauere Beziehungen zu den Maßstäben der Vererzung deutlich geworden. Das ist aber eine Sache zukünftiger Untersuchungen.

Beim Vergleich der für die Kassiterit-Sulfid-Lagerstätten des fernöstlichen Küstengebiets und des gesamten Pazifischen Erzgürtels erhaltenen Informationswerte kann man zwischen ihnen sowohl erhebliche Ähnlichkeiten als auch einige Unterschiede feststellen. Ebenso wie auch für die Lagerstätten des Gürtels spielen hier die Faktoren der magmatischen Kontrolle (2641) die Hauptrolle, aber der zweite Platz gehört den Nebengesteinsveränderungen um die Erze (2073), nicht der Morphologie der Erzkörper. Den dritten Platz nehmen die lokalen erzumgebenden Strukturen ein (1883); dann folgen die Besonderheiten der Platznahme der Vererzung (1531) und die Nebengesteine (1461); die morphologischen Besonderheiten der Erzkörper (1307) stehen erst an sechster Stelle; ihnen folgen die regionalen geologischen Faktoren (1248) und die Stadienhaftigkeit der Mineralisation (554).

Es steht außer Zweifel, daß nicht nur die metallogenetische Spezifik des fernöstlichen Küstengebiets und der etwas höhere Untersuchungsgrad der Lagerstätten, der gestattete, die Besonderheiten der Nebengesteinsveränderungen um die Erze und die der Verteilung der Vererzung innerhalb der Erzfelder (sonstige Merkmale) vollständiger zum Ausdruck bringen, die Veränderung in der Reihenfolge der verschiedenen Merkmalsgruppen beeinflußt haben.

Hier sei bemerkt, daß die erhaltenen Daten von einem relativ geringen Einfluß der Faktoren der regionalen geologischen Kontrolle auf die Ausmaße der einzelnen Lagerstätten, nicht aber auf ihre Verbreitung zeugen. Wie es auch bereits früher vermutet wurde (KONSTANTINOW 1965), ist eine große Anzahl von Mineralisationsstadien (über drei) ebenfalls ein Charakteristikum für größere Lagerstätten. Hinsichtlich der Veränderungen in der Bewertung der einzelnen Merkmale erwähnen wir die erhöhte Bedeutung der mit der Vererzung assoziierenden basischen und intermediären subvulkanischen Körper, der gestiegenen Rolle der Quarzporphyrgangfelder und des Auftretens von Gesteinsgängen innerhalb der Vererzung. Wir kennen die Assoziation mit Lavabreccien und anderen effusiven Andesiten, die sowohl bei den die Vererzung begleitenden magmatischen Körpern eine Rolle spielen, als auch als Gesteine, die die Erzkörper enthalten.

Im Bereich einzelner Erzfelder ist auch die Bedeutung der Hg- und Pb-Zn-Mineralisation, der mit Axinit ausgefüllten Trümer und der Zonalität bei der Verteilung der Vererzung innerhalb der Reviere merklich erhöht. Bei den morphologischen Typen der Erzkörper sind, neben anderen Faktoren, die Stockwerke und die einzelnen Ausfüllungsgänge kennzeichnend.

Die meisten der genannten Besonderheiten an Kassiterit-Sulfid-Lagerstätten des fernöstlichen Küstengebiets wurden von J. A. RADKEWITSCH (1958) und später auch von anderen Geologen festgestellt. Aber erst mit Hilfe der mathematischen Bearbeitung der geologischen Daten gelingt es, diese Merkmale im vollen Umfang an den Tag zu bringen und eine quantitative Bewertung ihrer Charakteristika vorzunehmen.

Man muß darauf hinweisen, daß die der Wirklichkeit am nächsten kommenden Ergebnisse, die man bei der Überprüfung der Methode erhielt, für Lagerstätten mit sehr ähnlicher Mineralzusammensetzung ermittelt wurden. Die Ähnlichkeit der Mineralzusammensetzung wurde mit Hilfe früher vorgeschlagener Verfahren überprüft (KONSTANTINOW & BUNITSCH 1967; KONSTANTINOW u. a. 1968). Dabei konnte festgestellt werden, daß der Versuch, die Bearbeitung der geologischen Daten auf hydrothermale Zinnlagerstätten anzuwenden, die nach der Mineralzusammensetzung nur geringe Korrelationen aufweisen und zu verschiedenen Erzformationen gehören, keine Ergebnisse liefert. Daher muß man sich vor der Anwendung dieser Methode davon überzeugen, daß sich die Erze der für die Untersuchung ausgewählten Objekte ihrer Mineralzusammensetzung nach hinreichend nahestehen.

Folgerungen

1. Die Anwendung der diskreten Analyse gab die Möglichkeit, über wenige Vergleichsobjekte vorliegender geologischer Daten eine quantitative Charakteristik darüber zu erhalten, in welchem Maße bestimmte geologische Merkmale für die Bildung von Zinnerzlagerstätten der Kassiterit-Sulfid-Formation günstig sind. Diese Ergebnisse können bei der vorläufigen Bewertung von Lagerstätten, die sich im Anfangsstadium der geologischen Untersuchung befinden, benutzt werden.

2. Es wurde festgestellt, daß sich die Kurve der Informationswerte der Lagerstätten in auffallender Übereinstimmung mit der Kurve befindet, die die relativen Maßstäbe dieser Lagerstätten widerspiegelt. Außerdem wurde die Rolle, die verschiedenen geologischen Merkmalen der Lagerstätten zukommt, ermittelt und ihre quantitative Bewertung gegeben. Der stärkste Zusammenhang der Kassiterit-Sulfid-Mineralisation ist mit assoziierten magmatischen Vorkommen festzustellen. Für die Lagerstätten des gesamten Pazifischen Gürtels hat das Auftreten saurer subvulkanischer Körper innerhalb der Erzfelder große Bedeutung, während für das fernöstliche Küstengebiet außerdem die Anwesenheit basischer und intermediärer subvulkanischer Körper sowie von Quarzporphyrgangfeldern besonders wichtig ist.

Die Merkmale, die die Morphologie der Erzkörper kennzeichnen, sowie die lokalen erzumgebenden Strukturen und die Nebengesteinsveränderungen um die Erze treten hinsichtlich ihrer Bedeutung für die Ausmaße der Vererzung etwas zurück.

Als bedeutendste lokale erzumgebende Strukturen wurden die Klüfte der Einsystem- und Zweisystemscherung, Schieferungszonen, lineare Falten, Kerne und Scharniere der Antiklinalen hervorgehoben. Von den Nebengesteinsveränderungen um die Erze sind Serizitisierung und Vergreisung am wichtigsten.

3. Eine Besonderheit der angewandten Methode besteht nicht nur in der Möglichkeit, eine quantitative Bestimmung der Wichtigkeit qualitativer geologischer Merkmale bei der Erzbildung zu geben, sondern auch darin, daß sie Fragen für die weitere Untersuchung dieser Merkmale aufwirft. In den behandelten Kassiterit-

Zeitschrift für angewandte Geologie, Bd. 17 (1971), Heft 7

Sulfid-Lagerstätten verdient der Einfluß der Konglomeratzwischenlagen in Sandstein-Schiefer-Folgen auf die Erzbildung, die Einfallwinkel der Erzkörper usw. eine derartige Untersuchung.

Literatur

DMITRIJEW, A. N., J. I. SHURAWLJOW & F. P. KRENDELEW: Über ein Prinzip der Klassifikation und Prognose geologischer Objekte und Erscheinungen. – Geologija i geofisika, No. 5 (1968).

KONSTANTINOW, R. M.: Die Untersuchung der endogenen Erzlagerstätten verschiedener Erzformationen bei großmaßstäblichen metallogenetischen Untersuchungen. In dem Buch „Die Untersuchung der Verteilungsgesetzmäßigkeiten der Mineralisation bei metallogenetischen Untersuchungen der Erzbezirke". – Nedra (1965).

– Über die Verwendung von Lochkarten bei der Untersuchung endogener Erzlagerstätten. – Geol. rudn. mestoroshd., No. 2, Moskau 1966.

KONSTANTINOW, R. M., & A. L. BUNITSCH: Einfache Methoden zur Berechnung der Korrelationen der Mineralzusammensetzung von Erzlagerstätten. – Isw. AN SSSR, ser. geol., No. 7 (1967).

KONSTANTINOW, R. M., R. M. DSHABAR-SADE & S. W. SIROTINSKAJA: Über die Verwendung von elektronischen Rechenmaschinen für die Klassifikation der Erzlagerstätten nach ihrer Mineralzusammensetzung. – Isw. AN SSSR, ser. geol., No. 9 (1968).

RADKEWITSCH, J. A.: Die Metallogenie des südlichen fernöstlichen Küstengebiets. – Tr. IGEM AN SSSR, v. 19 (1958).

Möglichkeiten der Speicherung von verflüssigtem Erdgas

WILHELM MEINCKE, Böhlitz-Ehrenberg

1. Einleitung

Der Anteil des Erdgases an der Energiebilanz der Länder ist im ständigen Steigen begriffen. Das Erdgas dient sowohl zur Erzeugung von Elektroenergie als auch als Grundstoff in der chemischen Industrie, um nur zwei Anwendungsbereiche des Erdgases herauszugreifen. Daneben wird Erdgas im kommunalen Sektor (Heizgas) in immer stärkerem Maße eingesetzt.

Vergleicht man jedoch die Fördergebiete und Verbraucherzentren des Erdgases miteinander, so läßt sich feststellen, daß diese räumlich oft weit auseinanderliegen. Als ökonomisch günstigste Variante hat sich der Transport des Erdgases durch Pipelines erwiesen. Dabei sollte die Förderkapazität das ganze Jahr über maximal ausgelastet werden. Der in den Wintermonaten auftretende Mehrverbrauch, insbesondere im kommunalen Sektor, muß durch zusätzliche Ausspeisung aus Untergrundgasspeichern abgefangen werden. Zweckmäßigerweise sind die Untergrundgasspeicher in der Nähe der Verbraucherzentren anzulegen.

Es ist jedoch nicht in jedem Falle möglich, die Verbrauchergebiete über Pipelines zu versorgen, wenn diese durch größere und tiefe Meeresbereiche verlegt werden müßten, denn dann treten auch heute noch nicht oder nur zum Teil gelöste technische Probleme auf.

Zur Versorgung von Großbritannien, Frankreich und Spanien mit Erdgas aus Algerien und Libyen wurde die Möglichkeit des Seetransports von verflüssigtem Erdgas realisiert. Ein weiteres inzwischen ausgereiftes Projekt ist die Lieferung von verflüssigtem Erdgas (LNG) aus Alaska nach Japan. Dabei macht man sich den Umstand zunutze, daß verflüssigtes Erdgas nur ca. 1/600 des Volumens im gasförmigen Zustand einnimmt und bei Temperaturen von ca. −160°C unter atmosphärischem Druck transportiert und gespeichert werden kann. Zur Sicherung einer kontinuierlichen Fahrweise der Verflüssigungsanlagen im Verladehafen und der Verdampfungsanlagen im Entladehafen sowie der diskontinuierlichen Be- und Entladung der Methan-Tanker werden Speichermöglichkeiten für LNG geschaffen.

Die Tendenz geht dahin, in der Nähe der Verbraucherzentren Satellitenanlagen zu errichten, die die Abdeckung eines extrem hohen Gasbedarfs bei plötzlichen Temperaturstürzen übernehmen. Das verflüssigte Erdgas wird per Schiene oder Straße zu diesen Satellitenanlagen transportiert. In Zukunft dürfte es auch möglich sein, LNG über größere Entfernungen mittels Rohrleitungen fortzuleiten.

Ein anderer Weg wird beschritten, indem überschüssiges Erdgas in der Nähe der Verbrauchergebiete durch eine Anlage geringer Kapazität im Sommer verflüssigt, gespeichert und im Winter bei Bedarf über eine Verdampferanlage hoher Kapazität gasförmiges Erdgas in das Verteilernetz eingespeist wird. Die Speicherkapazität ist im allgemeinen so bemessen, daß der erhöhte Gasbedarf für 1 bis 2 Wochen abgedeckt werden kann.

In Verbindung mit anderen Speicherverfahren (Aquifer, erschöpfte KW-Lagerstätten, Kavernen) ergibt sich somit eine sinnvolle Kombination.

Eingang des Manuskripts in der Redaktion: 15. 10. 1970.

2. Speichertypen

Gegenwärtig besitzen drei Methoden der Speicherung von LNG praktische Bedeutung:

1. Obertage-Metallbehälter,
2. gefrorene Erdgruben,
3. Behälter aus Spannbeton.

Eine weitere Möglichkeit besteht in der Verwendung von bergmännisch hergestellten oder bei günstigen Bedingungen auch natürlich entstandenen Hohlräumen. Soweit bekannt, sind jedoch diese Arbeiten über das Versuchsstadium nicht hinausgekommen (HAFFNER 1970) und haben keine industrielle Bedeutung erlangt.

Der Obertage-Metallbehälter

Dieser Speichertyp besteht im Prinzip aus einem inneren und einem äußeren Behälter mit dazwischenliegender Isolierung (Abb. 1). Das zur Anwendung kommende Material für den inneren Behälter muß kältebeständig sein, d. h., die Festigkeit des Materials muß auch bei Temperaturen von −160°C noch gewährleistet sein. Im allgemeinen wird eine Aluminium-Magnesium-Legierung bzw. Nickelstahlblech mit sehr geringem Kohlenstoffanteil verwendet. Der Nickelanteil liegt bei 9%. Entsprechende Analysen der Werkstoffe gibt LAURIEN (1966, S. 506 und 507). Die Außenwand besteht aus normalem Kohlenstoffstahl. Zwischen den beiden Stahlwänden wird ein Isoliermaterial eingebracht. Im allgemeinen wird Perlit (expandiertes SiO_2), Polyurethan oder mit einem Plastmaterial ummantelte Glasfiber gewählt. Bei der Auswahl der Isoliermaterialien wird dem Perlit wegen der relativ geringen Wärmeleitfähigkeit und der Nichtbrennbarkeit häufig der Vorzug gegeben.

Das Isoliermaterial hat die Aufgabe, die boil-off-Rate des verflüssigten Erdgases so gering wie möglich zu halten. Bei der Auswahl spielen aber auch Sicherheitserwägungen, z. B.

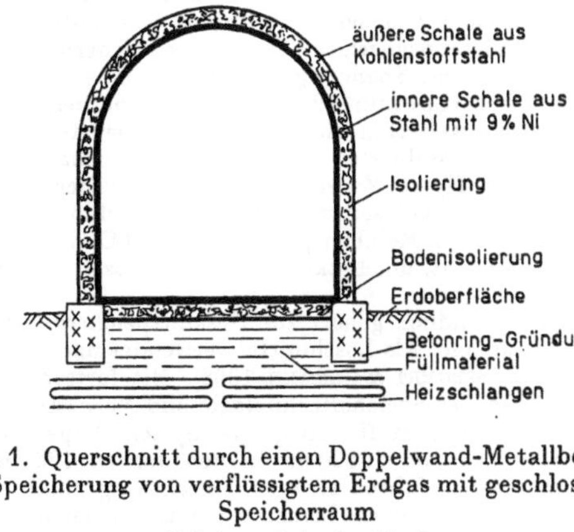

Abb. 1. Querschnitt durch einen Doppelwand-Metallbehälter zur Speicherung von verflüssigtem Erdgas mit geschlossenem Speicherraum
Gründung: Betonring-Wand

Tab.: Wärmeleitfähigkeit verschiedener bei der Herstellung von LNG-Speichern eingesetzter Materialien

	δ(kcal/m · h · grd)
Styrodur Schaumglas Perlit	} 0,02–0,05
Beton	1–2
Aluminium	190
Stahl mit 9% Ni	13
Erdreich, grobkiesig	0,4–0,5
Erdreich, feucht	~2
Eis 0 °C	1,92
– 50 °C	2,39
–100 °C	2,99

die Möglichkeit des Ausbrechens eines externen Feuers, eine wesentliche Rolle.

POLL (1970) führt für verschiedene Isoliermaterialien und Werkstoffe die Wärmeleitfähigkeit an (Tab.).

An dieser Stelle sei darauf aufmerksam gemacht, daß eine Eismächtigkeit von ca. 100 m notwendig ist, um die Wärmeisolierung einer 1 m mächtigen Lage Perlit zu erreichen. Das Isoliermaterial für den Boden der Speicherbehälter muß wesentlich höhere Festigkeit aufweisen als das der Seitenwände und der Kuppel.

Die äußere Hülle muß absolut gasdicht sein, um das Eindringen von Feuchtigkeit zu vermeiden und damit die Isolierung gegen Witterungseinflüsse zu schützen. Das Wasser würde sofort gefrieren und könnte dann von innen her zerstörend wirken. Neben der Schutzfunktion hat der Stahlmantel die Aufgabe, unerwünschte Verlagerungen des Isoliermaterials zu verhindern.

Da eine Beeinflussung der Umgebung durch das verflüssigte Erdgas nicht auszuschließen ist, wurden zwei Varianten der Behältergründung erprobt. Bei der einen ruht der Doppelwandbehälter auf einer Betonplatte, die wiederum auf in den Erdboden gerammten Betonpfählen liegt. Dadurch entsteht zwischen dem Erdboden und dem Behälterboden ein Zwischenraum, durch den die Luft hindurchstreichen kann. Die Luftzirkulaton verhindert ein Gefrieren der Erde (Abb. 2).

Bei der zweiten Variante steht der Speicherbehälter auf einer ringförmigen Betongründung (Abb. 1). Der innere Stahlbehälter ist auf der Gründung verankert, um Verschiebungen durch den Gasdruck zu verhindern. Der Innenraum der Betongründung wird aufgefüllt. Die unterhalb der Gründung installierten Heizschlangen verhindern das Gefrieren und damit eine mögliche Beschädigung der Speicheranlage durch Frosthebung.

Um einen möglichst gefahrlosen Betrieb des Speichers durchzuführen, sind entsprechende Sicherheitsmaßnahmen erforderlich. Dazu gehört die Erdung des Speicherbehälters und seine Umdeichung. Das Volumen des umdeichten Innenraums sollte ca. 150% des Speichervolumens betragen, um ein unkontrolliertes Ausbreiten des verflüssigten Erdgases bei Havarien zu verhindern. Für den Speicherinnenraum ist die Möglichkeit einer visuellen Beobachtung zu schaffen. Weiterhin sind Füllstandsanzeiger, Manometer, Sicherheitsventile, Thermometer und Spannungsanzeiger im inneren Behälter zu installieren (LAURIEN 1966). Zu den Sicherheitsmaßnahmen gehören weiterhin ein Druckausgleichsystem, ein im Speicherraum installierter Überlauf sowie die Schaffung einer Inertgashülle (N_2) im Zwischenraum der Behälterwände aus Gründen der Explosionssicherheit. Weiterhin wird das N_2-Gas mit hohem Reinheitsgrad laufend auf CH_4 und Feuchtigkeit überwacht, um Lecks in der Innen- bzw. Außenhülle sofort zu erkennen.

Selbstverständlich gehört zur Gesamtspeicheranlage eine Feuerlöschanlage. Als Löschmittel verwendet man Natriumbikarbonat (SIEGERT & CLEMEN 1968). Mit fortschreitender Erfahrung in der Speichertechnologie und Verbesserung der eingesetzten Werkstoffe stieg die Speicherkapazität pro Speichereinheit von 10500 m^3 in den Jahren 1964/65 auf 48000 m^3 in den Jahren 1968/69. Gleichzeitig damit ist ein Sinken der spezifischen Investkosten zu verzeichnen. Die boil-off-Rate übersteigt derzeit nicht 0,05–0,06% pro Tag

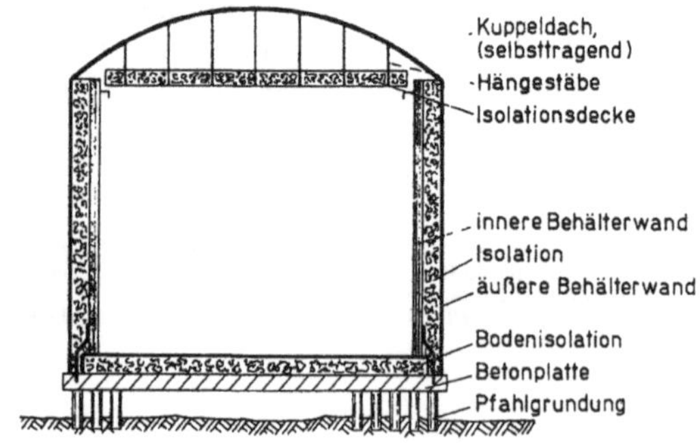

Abb. 2. Querschnitt durch einen Doppelwand-Metallbehälter mit oben offenem Speicherraum
Gründung: Betonpfähle

für Behälter über 20000 m^3 Speichervolumen (HAFFNER 1970).

Die Entwicklung geht dahin, doppelwandige Speicherbehälter mit einem flachen, nicht gasdichten Dach des inneren Behälters zu bauen. Damit ist eine Materialeinsparung von 4–5% gegenüber dem vorstehend beschriebenen Typ verbunden. Diese Modifikation wird als „floating-roof-typ" bezeichnet (Abb. 2).

Der Betriebsdruck wird von dem äußeren Mantel aufgenommen, der aus einem weniger teuren Material besteht. Der innere Behälter ist oben offen und besitzt ein flaches Dach. Dieses flache Dach hängt an Streben, die an der Kuppel der äußeren Behälterhülle befestigt sind. Die Wärmeisolierung des Speicherraums wird zwar bei dieser Konstruktion unterstützt, das verdampfte Gas kann jedoch aus dem Speicherbehälter entweichen. Als Isoliermaterial dient Perlit in dem Zwischenraum der Seitenwände und über dem hängenden Dach, während Bruchglasstücke den Behälterboden nach unten isolieren. Zwischen der inneren Behälterwand und der Perlitisolierung wird eine Glasfiberschicht eingebracht, die bei thermischen Beanspruchungen ein Zusammenpressen des Perlits verhindern soll. Um ein Ansaugen von Luft und damit Explosionsgefahr zu verhindern, liegt der Gasdruck im inneren Behälter auch bei dieser Bauart etwas über dem atmosphärischen Druck (ca. 1,11at).

Derzeit sind zwei Speicherbehälter vom „floating-roof-typ" in Marsa-el-Brega, Libyen, und ein Speicherbehälter in Dorchester Bay, USA, in Betrieb.

Gefrorene Erdgruben

Die Entwicklung und der Bau von gefrorenen Erdgruben (Abb. 3) zur Speicherung von LNG setzte zu Beginn der sechziger Jahre ein. Der erste Speicher dieses Typs wurde bei Lake Charles, USA, gebaut und im Oktober 1961 der Öffentlichkeit vorgestellt (Abb. 4). Dieser Speicher hat nur ein geringes Fassungsvermögen und stellt einen großtechnischen Versuch dar, um Erfahrungen für den Bau größerer Einheiten zu gewinnen. Auch bei diesem Speichertyp wird das verflüssigte Erdgas bei ca. –160 °C und geringem Überdruck eingelagert.

Vor Baubeginn sind eingehende geologisch-hydrologische und Baugrunduntersuchungen durchzuführen. Aus dem Herstellungsverfahren ergibt sich als günstig das Vorhandensein eines hohen Grundwasserstands. Außerdem sollte die wasserdurchlässige Schicht von undurchlässigem Ton oder Festgestein unterlagert werden. Dadurch ergibt sich im Gegensatz zu den anderen Speicherverfahren eine recht enge Standortbindung.

Zur Herstellung der Grube werden konzentrisch zum späteren Schachtrand Bohrungen, gegebenenfalls in mehreren Ringen, bis zur projektierten Teufe niedergebracht. Die Endteufe sollte dabei größer sein als die Tiefe des Bodens der Grube.

Die Bohrungen werden verrohrt und bis obertage zementiert. In die Futterrohrtour wird eine weitere Rohrtour geringen Durchmessers eingehängt. Bei der Herstellung des Gefrierspeichers in den Hackensack Meadows (in der Nähe von New York) wählte man für die Futterrohrtour einen Durchmesser von 150 mm, für die Tubings 50 mm (KETT

1964). Die beim Gefrierverfahren benötigte Kühlflüssigkeit wird im Ringraum hinuntergedrückt und gelangt über den Steigraum wieder in die Kühlanlage. Als Kältemittel wird Kalziumchloridlauge von —20 bis—25 °C verwendet. Der Gefrierprozeß wird solange durchgeführt, bis eine mehrere Meter mächtige, standfeste, gefrorene Zone vorhanden ist. Dieser Prozeß kann mehrere Wochen bis Monate in Anspruch nehmen. Der Fortschritt des Gefrierprozesses wird mittels Thermometern überwacht, die in Bohrungen rund um den Speicher installiert sind (Abb. 4).

Sofort nach Beendigung dieses Bauabschnitts wird die Betonringwandgründung eingebracht (Abb. 3) und darauf eine Betonwand von 2—3 m Höhe, die als Auflage für das gasdichte Dach dient, errichtet. Danach beginnen die Ausschachtungsarbeiten innerhalb des Gefrierringes, die entweder bergmännisch oder mit Hilfe von Baggern vorgenommen werden. Der letzte Arbeitsvorgang ist die Installation des vorgefertigten Daches mit sämtlichen Rohrleitungen, Armaturen und Pumpen. Die zur Speicherung erforderlichen Nebenanlagen werden zweckmäßigerweise während des Gefriervorgangs errichtet.

Das Flachdach ist an Bindern aus Kohlenstoffstahl aufgehängt und besteht entweder aus einer Aluminiumlegierung bzw. Stahl mit einem Ni-Anteil von 9% und ist mit einer Oberflächenisolierung versehen. Der Innendruck wird durch auf dem Dach liegende Betonklötze kompensiert (LAURIEN 1966). Die Förderung des flüssigen Erdgases wird mit Elektrotauchpumpen durchgeführt und mit Druckpumpen auf den für die Einspeisung in dem Verdampfer notwendigen Druck gebracht. In dem Verdampfersystem wird das flüssige Erdgas in die gasförmige Phase übergeleitet, auf ca. +10 °C aufgeheizt und erst dann in das Verteilernetz eingespeist (KETT 1964).

Zur Senkung der boil-off-Rate ist es notwendig, eine Isolierung unterhalb des Daches und um den Betonring herum einzubringen. Günstig wirkt sich auch die Isolierung des Bodens des Gefrierspeichers aus (Abb. 3). Für den Speicher in Arzew, Algerien, wurde für den Boden Schaumstoffisolierung, unterhalb des Daches Schlackenwolle und um den Betonring herum Perlit gewählt (LAURIEN 1966). Nach Fertigstellung der Gesamtanlage beginnt der Füllvorgang mit dem Besprühen der Wände mit verflüssigtem Erdgas über Sprühdüsen.

Nach den bisherigen Erfahrungen läßt sich erkennen, daß die Kälteverluste zu Beginn der Speicherung sehr hoch sind und dann rasch absinken; z. B. betrug die verdampfte Menge verflüssigten Erdgases zu Beginn 188 m³/d und nach einem Jahr 100 m³/d bei einem Speichervolumen von 38000 m³ (LAURIEN 1966).

Die boil-off-Rate liegt bei der Speicherung in gefrorenen Erdgruben zwischen 0,2 und 0,25% pro Tag und ist damit wesentlich höher als bei Metallbehältern bzw. Spannbetonbehältern. Das ist ein wichtiger Gesichtspunkt für die in den USA erkennbare Tendenz, die Gefrierspeicher durch Metalltanks zu ersetzen (HAFFNER 1970).

Das Verfahren kann man als betriebssicher bezeichnen, sofern der Flüssigkeitsspiegel nicht über der Erdoberfläche liegt. Auch die anderen Speicherverfahren sind betriebssicher,

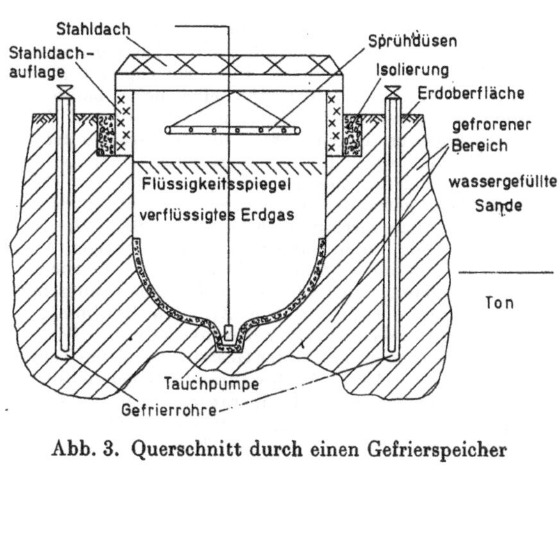

Abb. 3. Querschnitt durch einen Gefrierspeicher

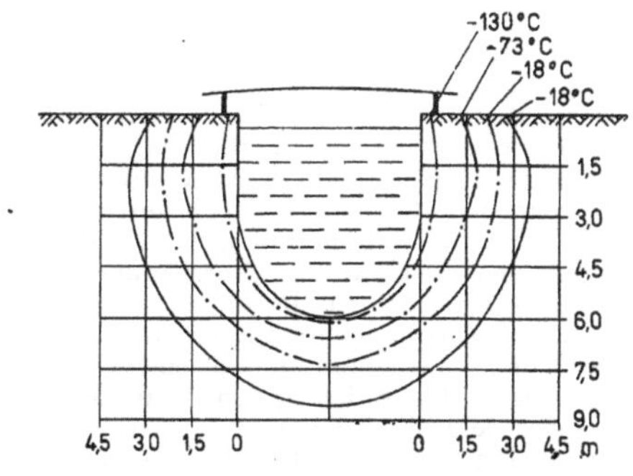

Abb. 4. Temperaturverteilung im Erdboden des Versuchsspeichers Lake Charles

unterbrochene Linie = nach drei Wochen; durchgehende Linie = nach zehn Wochen

sofern geeignete Schutzmaßnahmen gegen das Auslaufen des flüssigen Erdgases bei Havarien getroffen wurden. Es ist ratsam, im Umkreis von ca. 100 m um den Speicher keine frostgefährdeten Gebäude und Anlagen zu errichten (POLL 1970).

Behälter und Spannbeton

Bereits 1953 wurde Spannbeton als Material für die Erstellung eines Speicherbehälters verwendet. Es handelte sich um einen doppelwandigen Speicher mit einem Nutzvolumen von ca. 2600 m³ zur Speicherung von flüssigem Sauerstoff (KATZ & COATS 1968). Die Kenntnisse über das Verhalten von Beton bei niedrigen Temperaturen waren jedoch noch gering. Die in den Folgejahren durchgeführten Untersuchungen bewiesen die Möglichkeit der Verwendung von Spannbeton zur Speicherung von verflüssigtem Erdgas, so daß 1962 der erste Speicher in Betrieb genommen werden konnte. Die Untersuchungen zeigten u. a., daß die Festigkeit des verwendeten Betons bei der Temperatur des flüssigen Stickstoffs 2—3mal so hoch ist wie bei Normaltemperatur (CLOSNER 1968).

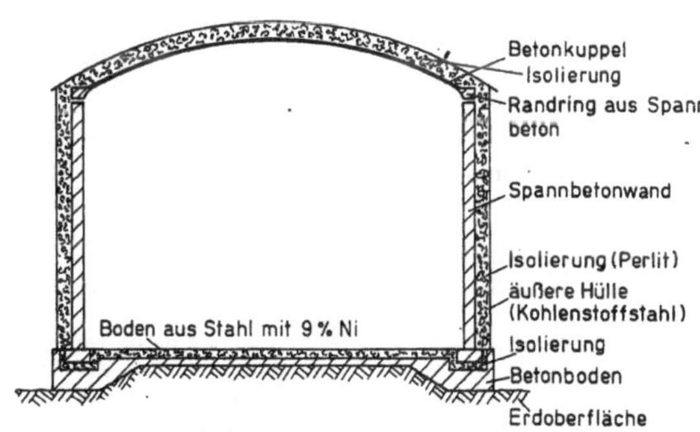

Abb. 5. Querschnitt durch einen Spannbeton-Speicherbehälter

1964 wurde in Nantes, Frankreich, ein Speicherbehälter von 1900 m³ errichtet. Weitere Speicher sind in Bau bzw. fertiggestellt, u. a. in Spanien (Abb. 5), Staten Island (New York) mit 95000 m³ (Abb. 7) und ein weiter unten beschriebener Speicher in den USA mit 190000 m³ Speicherkapazität (Abb. 6). Dieser Speichertyp ist sehr variabel in der Ausführung. Die Behälter können sowohl oberirdisch als auch als Untergrundbehälter errichtet werden. Es können ein- oder doppelwandige Bauten sein. Die Isolierung wird bei einwandigen Bauten innen oder außen angebracht. Ebenso ist eine Kombination von Gefrierspeicher und Spannbetonbehälter möglich, die ein sehr hohes Nutzvolumen gestattet (Abb. 6).

Der Spannbetonbehälter besteht aus der Bodenplatte, den Seitenwänden und der Kuppel (Abb. 5). Die Bodenplatte baut sich auf aus einer Stahlbetonplatte, darüber folgt eine Schicht Isoliermaterial (z. B. Schaumglas oder Perlit) und schließt zum Speicherraum hin mit einer Stahlplatte (Ni-Anteil 9%) ab. Die Seitenwände und die Kuppel bestehen aus Spannbeton, der außen mit einer Stahlschicht überzogen ist. Als Außenschutz dient Mörtel. Die bereits während des Fertigungsprozesses in vertikaler Richtung vorgespannten Betonplatten der Seitenwände werden auf der Baustelle horizontal vorgespannt. Dies geschieht durch das Herumlegen hochfester und kältebeständiger Stahldrähte unter Spannung um den Behälter. Eine Vorspannung des Betons in beiden Richtungen ist erforderlich, um die während des Speicherbetriebs auftretenden Zugspannungen zu eliminieren. Die Kuppel aus Beton, die auf einem Randring aus Spannbeton liegt, schließt den Speicherraum nach oben hin ab. Nach außen folgt die Isolierung, z. B. Perlit oder Glaswolle (Abb. 5). Die Außenhülle besteht entweder aus Spannbeton oder Kohlenstoffstahl. Sie hat eine Schutzfunktion und soll eine Verlagerung des Isoliermaterials verhindern.

Ebenso wie bei den Metallbehältern ist es angebracht, unterhalb der Behälter Heizschlangen zu installieren, um eine Beschädigung der Anlage durch Frosthebung zu verhüten. Unter der Bodenplatte eingebrachtes Füllmaterial muß eine einwandfreie Entwässerung gestatten.

Von CLOSNER (1968) werden der Speicher auf Staten Island und der kombinierte Spannbeton-Gefrierspeicher der Philadelphia Gas Works beschrieben. Der Speicherbehälter auf Staten Island (Abb. 7) hat einen Innendurchmesser von 82,5 m, die maximale Höhe der Flüssigkeitssäule beträgt 18,6 m. Die Seitenwände zeigen von außen nach innen folgenden Aufbau: Einer 61 cm starken Spannbetonwand folgt nach innen eine aus Polyurethanplatten bestehende Isolierschicht. Innerhalb dieser befinden sich zwei flexible Lamellenwände aus Aluminium, Dacron und Mylar. Die Lamellenwände — sie dienen als Flüssigkeitsschranken — ebenso wie das Isoliermaterial werden durch ein federgespanntes Gittersystem in der ursprünglichen Lage gehalten. Der Boden besteht ebenfalls aus vorgespanntem Beton mit darüberliegender Isolierung, gleichfalls die Kuppel. Eine Gleitfuge aus Teflon kompensiert die Bewegung zwischen Seitenwand und Boden. Die über dem Flüssigkeitsspiegel liegende Isolation wird von an der Behälterkuppel befestigten Stäben gehalten. Seitenwände und Boden sind von einer kältebeständigen Schicht umgeben (Abb. 7).

Der kombinierte Spannbeton-Gefrierspeicher (Abb. 6) stellt mit 190000 m³ Nutzvolumen die derzeit größte Speichereinheit dar. Die aus Spannbeton hergestellte Kuppel mißt 70 m im Durchmesser und ruht auf einer Spannbetonringwand von 6,7 m Höhe. Diese hat wiederum einen Betonring als Fundament, der auf den Gefrierrohren ruht. Die kuppelförmige Abdeckung besteht von innen nach außen aus 23 cm starkem Spannbeton, 92 cm Isoliermaterial (Perlit); darüber folgt ein Stahlblech aus Kohlenstoffstahl von 4,8 mm Stärke, während die Seitenwände durch eine Stahlplatte (Stahl mit 9% Ni-Anteil) geschützt werden. Zwischen dem mit Isolationsmaterial gefüllten Raum und dem Speicherraum wird ein Druckausgleich vorgenommen. Damit steht auch der Innendruck an dem äußeren Stahlmantel an.

Für den Speicher auf Staten Island wird eine boil-off-Rate von weniger als 0,06%/Tag angegeben (CLOSNER 1968), während für den kombinierten Speicher noch keine Zahlen vorliegen; der Speicher soll 1970 in Betrieb gegangen sein. Bei KATZ & COATS (1968) findet sich ein Schätzwert von 0,18—0,2%/Tag. Dieser Wert liegt damit nahe denen für Gefrierspeicher.

An dieser Stelle sei der Hinweis gestattet, daß man in der englischsprachigen Literatur die Begriffe „flash-gas" und

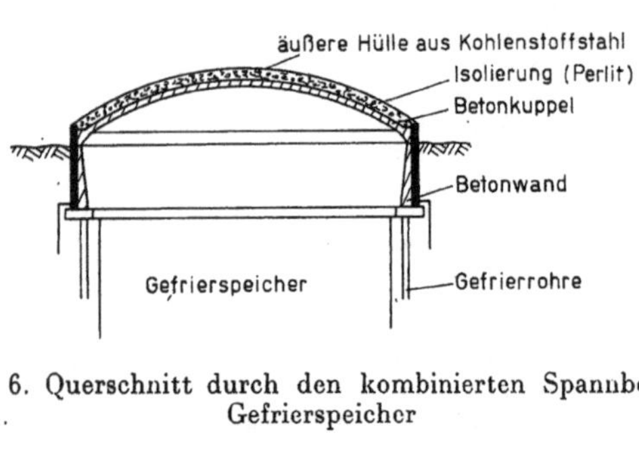

Abb. 6. Querschnitt durch den kombinierten Spannbeton-Gefrierspeicher

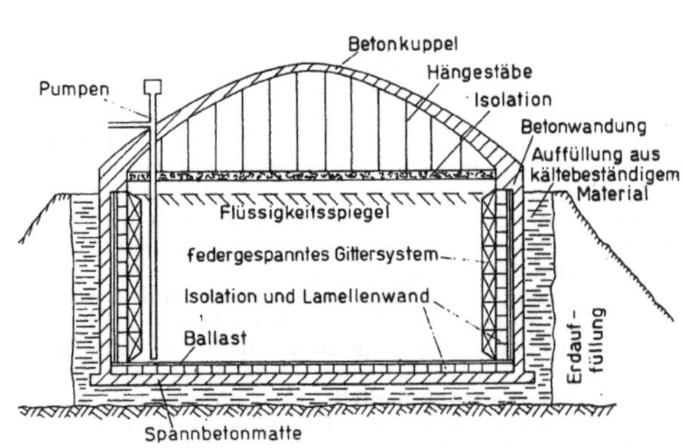

Abb. 7. Querschnitt durch den Spannbeton-Speicherbehälter auf Staten Island

„boil-off-gas" verwendet. Bei beiden Begriffen ist das aus der flüssigen in die gasförmige Phase übergetretene Gas gemeint, beim ersteren das in der Verflüssigungsanlage verflüssigte und durch Absinken des Überdrucks nach Verlassen der Anlage wieder gasförmig werdende Methan. Der im Rahmen dieser Arbeit wichtigere Begriff „boil-off-gas" (in Zusammenhang mit boil-off-Rate) bezeichnet das Gas, das im Speicherbehälter während der Betriebsphase durch den Wärmeübertritt von außen nach innen entsteht.

Natürliche und bergmännisch hergestellte Hohlräume

Diese Möglichkeit der Speicherung von verflüssigtem Erdgas hat bisher noch keine industrielle Anwendung gefunden. Es sind zwar Untersuchungen durchgeführt und Versuchsanlagen in Frankreich und den USA errichtet worden, die jedoch nicht in die Betriebsphase übergeleitet worden sind.

Natürlich entstandene Hohlräume scheinen auf den ersten Blick hin günstig für die Speicherung von LNG zu sein. Die Probleme beginnen jedoch mit der Frage nach der Dichtheit des Deckgebirges und deren Impermeabilisierungsmöglichkeiten. Da es sich überwiegend um weitverzweigte und standortgebundene Höhlensysteme im Kalkstein handelt, dürfte in den meisten Fällen auch die Abdichtung von horizontalen oder geneigten Gängen notwendig sein. Praktische Versuche sind bisher nicht bekannt geworden. Bei bergmännisch aufgefahrenen Hohlräumen lassen sich diese Probleme durch eine entsprechende Standortauswahl wenigstens z. T. eliminieren.

Die Versuchsanlage in Le Havre (Frankreich) besteht aus drei voneinander getrennten Einzelspeichern mit jeweils zwei Stollen und zwei Schächten. Die Stollen liegen in wasserundurchlässigem Mergel in ca. 80 m Tiefe (LAURIEN 1966). Die Undurchlässigkeit gegenüber dem verflüssigten Erdgas stellt sich im Stollen durch die Ausbildung einer gefrorenen Zone ein. Die Hohlräume sind nicht isoliert und unterliegen dementsprechend erheblichen Wärmeeinflüssen. Die boil-off-Rate wird dadurch, bedingt durch die Teufenlage der bergmännisch aufgefahrenen Hohlräume, wesentlich über der von Gefrierspeichern liegen.

Da jedoch die LNG-Speicher die Aufgabe der Abdeckung des erhöhten Gasbedarfs bei plötzlichen Temperaturstürzen haben (Einspeiseperiode von ca. 150—200 Tagen, Entnahmeperiode 5—12 Tage), wirkt sich eine hohe boil-off-Rate während der gesamten Speicherung ungünstig auf das Betriebsergebnis aus. Im Gegensatz zu der Variante des vertikalen Schachts wurde für den Versuchsspeicher in Lowell, USA, ein geneigter Zugang zur Speicherkaverne (Pfeiler-Kammer-Bau) gewählt. Dadurch sollen sich die Investitionskosten wesentlich verringern (KHAN u. a. 1967). Die Kavernenwände kleidete man mit einem mehrschichtigen Abdichtungs- und Isolationssystem aus. Der Versuchsspeicher selbst wurde in hartem, mittelkörnigem Paragneis aufgefahren.

Vor Beginn der praktischen Arbeiten bestimmte man experimentell verschiedene petrophysikalische Parameter und das Verhalten ausgewählter Gesteine bei tiefen Temperaturen (KHAN u. a. 1967). Auch während des Versuchsbetriebs sollen Messungen (z. B. Temperatur-, Spannungs-, Dehnungsmessungen, Zugprüfungen) durchgeführt werden, um Aufschluß über das Verhalten von Kavernen, der Gesteine und des verwendeten Dichtungs- und Isolationsmaterials zu erhalten. Auch hier sind die Arbeiten bisher nicht über das Versuchsstadium hinausgekommen.

3. Sicherheitstechnische Hinweise

Die zur Sicherung eines ordnungsgemäßen Betriebsablaufs erforderlichen Kontroll- und Überwachungseinrichtungen für den Speicher selbst wurden bereits kurz erwähnt.

Bei der Lagerung von Erdöl ist ein Eindringen in das Grundwasser unbedingt zu vermeiden. Bei der Speicherung von LNG sind ebenfalls die Grundwasserverhältnisse zu beachten, insbesondere in Hinsicht auf die Gründung der Bauten und auf die Vermeidung der Ansammlung von Wasser im umdeichten Innenraum, da das eine Reduzierung des Fassungsvermögens zur Folge hätte. Das verflüssigte Erdgas selbst stellt keine Gefahr in bezug auf die Verseuchung bei einem Eindringen in Grundwasserhorizonte dar (POLL 1970). Die Umdeichung dient vor allem zum Schutz benachbarter Industrieanlagen und Wohngebiete. In diesem Zusammenhang ist erwähnenswert, daß sich 1944 in Cleveland, Ohio, eine Katastrophe ereignete. Durch die Wahl von ungeeigneten Werkstoffen trat ein Bruch eines Metalltanks auf. Da weiterhin die Umdeichung fehlte, konnte sich das verflüssigte Erdgas auf den Straßen ausbreiten und in die Kanalisation abfließen. Entstehende Brände und Explosionen führten zu schweren Schäden (HEISLER 1967).

Zur Klärung der Feuergefährlichkeit und des Verhaltens von brennendem oder auslaufendem LNG wurden umfangreiche Experimente durchgeführt (HEISLER 1967). Sie brachten folgende Ergebnisse:

a) Die Feuergefährlichkeit von LNG ist nicht größer als die von Benzin.

b) Brennendes LNG ist mit Trockenlöschpulver leichter als brennendes Benzin zu löschen. Eine Wiederentzündung an der heißen Oberfläche erfolgt schwerer als bei Benzin.

c) LNG verdampft bei Entzündung nicht explosionsartig.

d) Die verbrannte Menge LNG ist pro Zeiteinheit größer als bei Benzin, die Wärmeabstrahlung ist jedoch gleich.

e) Ein Überkochen des LNG wurde nicht festgestellt.

f) Bei ausgelaufenem LNG tritt in der ersten Minute eine stürmische Verdampfung auf, die sich rasch reduziert und je nach Bodenbeschaffenheit einen Wert von 0,5—5 mm Flüssigkeitssäule pro Minute erreicht.

g) Das Auftreten entzündbarer Dämpfe, kenntlich an der kondensierten Wasserdampfwolke, bleibt auf die unmittelbare Nähe des ausgelaufenen LNG beschränkt.

h) Die Umdeichung bildet einen zuverlässigen Schutz, da der Boden gefriert und somit impermeabel wird. Es muß ein ausreichendes Auffangvolumen zur Verfügung stehen.

Die Vielzahl in Betrieb befindlicher LNG-Speicher beweist, daß bei entsprechenden Sicherheitsmaßnahmen die Speicherung von LNG als sicher zu bezeichnen ist.

Zusammenfassung

Die bisher entwickelten Speichertypen für verflüssigtes Erdgas werden beschrieben. Alle Speichertypen sind als Spitzenlastspeicher zu betrachten, mit einer Ausspeisedauer von 5—12 Tagen. Während die Errichtung von Metall- und Spannbetonbehältern vor allem Probleme der Materialauswahl aufwirft und an den Untergrund des ausgewählten Standorts keine besonderen Bedingungen geknüpft werden, sind die Gefrierspeicher und bergmännisch hergestellten Hohlräume an bestimmte geologisch-hydrologische Gegebenheiten gebunden.

Die bisherigen Erfahrungen mit den entwickelten Speichertypen beweisen, daß eine sichere Handhabung der Speicher mit verflüssigtem Erdgas möglich ist.

Резюме

В данной статье рассматриваются до сих пор известные типы хранилищ для хранения сжиженных природных газов. Все типы хранилищ предназначены для преодоления пиковой нагрузки, с продолжительностью отдачи газа от 5 до 12 дней. В то время как строительство металлических и железобетонных хранилищ связано с проблемой выбора строительных материалов, и при этом не требуется каких-либо особых условий для фундамента выбранного места постройки, хранилища, построенные способом замораживания, и подземные хранилища связаны с определенными гидрогеологическими особенностями.

Имеющийся до настоящего времени опыт с известными типами хранилищ показывает, что их успешное использование для хранения сжиженных газов возможно.

Summary

A description is given of types so far developed for storing liquefied natural gas, all of which must be considered as peak load stores with a feeding period of 5 to 12 days. While the construction of metal and prestressed-concrete tanks raises above all problems of choosing materials, without attaching special conditions to the underground of the chosen site, freezing stores and mine cavities are confined to certain geological-hydrological circumstances.

From experiences so far made with types developed for stores results that those developed for liquefied natural gas can safely be operated.

Literatur

ANDERSON, P. J., & A. R. KHAN: Speicherbehälter für verflüssigtes Erdgas. — Civil Engineering, **35**, 65—67 (Aug. 1965).

Anonym: Verflüssigtes Erdgas — Charakteristik und Brenneigenschaften. — Conch Methane Services, Ltd. (1962).

— Bessere Aussichten für Flüssigerdgas. — OGJ, **61**, 50, 51—52 (1963).

— Das erfolgreiche erste Betriebsjahr des Algerien-England-Projektes. — OGJ, **65**, 3, 84—87 (1967). Übers. in: Energiewesen, Ausg. B **27**, 3—8 (1967).

— Sicherheitsprobleme bei Flüssigerdgasbehältern. — gwf, **111**, 2, 79 (1970).

BALTHASAR, H.: Schiffstransport von verflüssigtem Erdgas. — Erdöl-Erdgas-Zeitschr., **84**, 9, 347—351 (1968).

BRESSON, H.: Kavernenspeicherung von verflüssigtem Erdgas. — Gas, **38**, 164—170, Los Angeles (Okt. 1962).

CLOSNER, J. J.: Flüssigerdgasspeicherung in Behältern aus vorgespanntem Beton. — Erste Intern. Konf. über flüssiges Erdgas, Chikago (April 1968), Sektion 5, Bericht 32. Übers. in: Beiträge zur Technologie des flüssigen Erdgases, IfE, Leipzig (Jan. 1970).

HAFFNER, A. E.: Bericht des Komitees für Erdgas und Speicherung. — 11. IGU-Kongreß, Sektion A-70, Moskau 1970.

HANKE, C., u. a.: Entwurf und Bau einer Flüssigerdgasanlage für die Spitzenbedarfsdeckung. — Erste Intern. Konf. über flüssiges Erdgas, Chikago (April 1968), Sektion 2, Bericht 5. Übers. in: Beiträge zur Technologie des flüssigen Erdgases, IfE, Leipzig (Jan. 1970).

HAUKE, C. C.: Obertagespeicher für LNG sind sicher und praktisch. — OGJ, **64**, 5, 76—78 (7. 2. 1966).

HEISLER, L.: Erdgasaufbereitung unter Berücksichtigung der sicherheitstechnischen Erfordernisse. — Erdöl-Erdgas-Zeitschr., **83**, 5, 178—188 (1967).

KATZ, D. L. V., & K. H. COATS: Untergrundspeicherung von Flüssigkeiten, Kap. 15. — Ulrich Books, Ann Arbor, Mich. 1968.

KETT: Bau eines großen Erdgas-Grundspeichers. — gwf, **105**, 21, 561—564 (1964).

KHAN, A. R., P. J. ANDERSON & B. E. EAKIN: Kavernenspeicherung von verflüssigtem Erdgas. — 7. Welterdölkongreß, Panel Discussion Nr. 26 (7), Mexiko-City 1967.

LAURIEN, H.: Taschenbuch Erdgas. — Verl. R. Oldenbourg, München, Wien 1966.

MILLER, R. T.: Erfahrungen mit dem Bau und dem Betrieb von Flüssigerdgasanlagen. — Erste Intern. Konf. über flüssiges Erdgas, Chikago (April 1968), Sektion 2, Bericht 9. Übers. in: Beiträge zur Technologie des flüssigen Erdgases, IfE, Leipzig (Jan. 1970).

MORSE, W. F.: LNG-Speicherung in eingegrabenen Spannbetonbehältern. — Amer. Gas J., **189**, 13, 32—34 (1962).

PETEL, V. M.: Die Speicherung von verflüssigtem Erdgas im Werk der CAMEL in Arzew, Algerien. — ECE-Bericht — St/ECE/GAS/11, Vol. II, 300—320 (15. 7. 1965).

PILLOY, M.: Die Speicherung von verflüssigtem Erdgas in Le Havre. — ECE-Bericht — ST/ECE/GAS/11, Vol. III, 279—297 (15. 7. 1965).

POLL, J.: Verfahren zur Speicherung von flüssigem Erdgas. — gwf, **111**, 2, 66—70 (1970).

RICHARD, L.: Die Versuchsstation zur Verflüssigung, Lagerung und Wiedervergasung von Methan in Nantes. — gwf, **102**, 47, 561—564 (1961).

RICHARD, L., & R. HUMBERT-BASSET: Behälter aus vorgespanntem Stahlbeton zur Speicherung von flüssigem Erdgas — Versuchsbehälter in Nantes. — gwf, **111**, 2, 58—65 (1970).

SIEGERT, W., & C. CLEMEN: Die Erdgasspeicherung bei tiefen Temperaturen. — Mitt. IfE, H. 95, 338—342, Leipzig 1968.

TEK, M. R.: Neue Aspekte der Untergrundgasspeicherung. — Rev. de l'Inst. Français du Pétrole, XX, 11, 1632—1640 (1965).

Über die wichtigsten metallogenetischen Epochen der Erde

G. A. TWALTSCHRELIDSE, UdSSR

Die Analyse des geochronologischen Alters der Erzlagerstätten der Welt ermöglicht ihre Gruppierung nach sieben metallogenetischen Hauptepochen, von denen fünf zum Präkambrium und zwei zum Phanerozoikum gehören. In jeder metallogenetischen Epoche werden Lagerstätten des Geosynklinaltyps und des Tafeltyps unterschieden. Die Lagerstätten der ersten Art sind stark metamorphosiert, während die des zweiten Typs wegen des konsolidierten Untergrunds nicht von der nachfolgenden Metamorphose erfaßt wurden.

Die metallogenetische Evolution der Erdkruste wurde von vielen Wissenschaftlern untersucht. Dazu gehören auch die Erfahrungen, die FERSMAN (1934) auf diesem Gebiet gesammelt hat. Am Beispiel des von OBRUTSCHEW (1926) entwickelten Schemas der Metallogenie Sibiriens bestimmte FERSMAN die geochemischen Epochen. Den zyklischen Charakter der geochemischen Prozesse untersuchte er im Zusammenhang mit der geotektonischen Entwicklung der alten Schilde und Geosynklinalzonen. BILIBIN (1955) stellte auf Grund einer Analyse der Verteilung von Ressourcen der einzelnen Metalle im Weltmaßstab fest, daß die Intensität der Mineralisation der seltenen Metalle von den älteren bis zu den jüngeren Epochen zugenommen hat, daß die Polymetall- und Chromitlagerstätten eine gesetzmäßige zeitliche Verteilung haben und daß die Kobalt-, Nickel- und Platinmineralisation vom Präkambrium zum Känozoikum abgeklungen ist. Dabei untersuchte er die Metallogenie des Präkambriums und der vier spätesten Epochen.

Umfassende Angaben über die metallogenetischen Epochen der Erde wurden von TUROWSKIJ (1955), TUGARINOW (1956), MAGAKJAN (1959) und von TERNER (1958) als Vertreter des Auslands zu unterschiedlichen Zeitpunkten gemacht. Das Problem wurde unter verschiedenen Aspekten auch von SCHATSKIJ (1960), TWALTSCHRELIDSE (1962), SMIRNOW (1963), GORSHEWSKIJ & KOSERENKO (1965), DOMAREW (1963, 1967, 1968) u. a. Wissenschaftlern untersucht. Die neuen Aufgaben auf dem Gebiet der Geotektonik, die durch die zahlreichen absoluten Altersbestimmungen der Gesteine und der in ihnen enthaltenen Erze bestätigt wurden, machen eine erneute Behandlung dieser Problematik möglich.

Unserer Auffassung nach gehört zu einer metallogenetischen Epoche auch der dem geologischen (tektonisch-magmatischen) Zyklus entsprechende Zeitabschnitt. So wird das Phanerozoikum gewöhnlich in vier Epochen untergliedert — in die kaledonische, herzynische, kimmerische und alpidische. Nach SEMENENKO (1960) unterteilt sich die ältere Erdgeschichte in elf geologische Zyklen (metallogenetische Epochen) zu je 150 bis 300 Mill. Jahren. Bei dem gegenwärtigen Untersuchungsstand des Fundaments der Tafeln ist es jedoch nicht möglich, für diese Epochen eine einigermaßen zuverlässige Charakteristik zu geben. Deshalb kann man gegenwärtig nur über die wichtigsten metallogenetischen Epochen des Präkambriums sprechen, die die Hauptetappen der Bildung der Erdkruste oder die Megazyklen umfassen.

WINOGRADOW & TUGARINOW (1961) gliedern das Präkambrium in vier Zeitabschnitte: das Katarchäikum, das Archäikum, das Proterozoikum I und das Proterozoikum II. RASNIZIN (1965) spricht von drei Entwicklungsetappen der Erdkruste: 1. dem Protogäikum, 2. dem Riphäikum und Paläozoikum und 3. der Epoche vom Paläozoikum bis zur Gegenwart. CHAIN (1968) dagegen gliedert vier Hauptetappen aus: 1. das Archäikum (3,5 bis 2,5 Mrd. Jahre), 2. das frühe Proterozoikum (2,5 bis 1,7 Mrd. Jahre), 3. das späte Proterozoikum (1,7 bis 0,6 Mrd. Jahre) und 4. das Phanerozoikum (0,6 Mrd. Jahre bis heute). GORSHEWSKIJ & KOSERENKO (1965) unterscheiden drei metallogenetische Hauptetappen: 1. das Protogäikum (über 3 Mrd. Jahre), 2. das Deuterogäikum (3 bis 1,5 Mrd. Jahre) und 3. das Neogäikum (1,5 Mrd. Jahre bis heute).

Aus: „Geologija rudnych mestoroshdenij", Verl. Nauka, Moskau 1970, Bd. XII, H. XII, S. 22–36, 3 Abb., 1 Tab.
Übers.: L. LINDNER, Berlin.

Faßt man die neuesten Angaben zur Entwicklungsgeschichte der Erdkruste im Präkambrium zusammen, kann man innerhalb dieser langen Periode fünf Etappen unterscheiden. Es ist angebracht, ihre ursprünglichen Bezeichnungen beizubehalten, obwohl diese möglicherweise nicht immer ihren stratigraphischen Grenzen entsprechen. Diese Etappen sind: 1. das Archäikum, 2. das frühe Proterozoikum, 3. das mittlere Proterozoikum, 4. das frühe Riphäikum, 5. das späte Riphäikum, einschließlich Wend. Jede dieser Etappen hat charakteristische Besonderheiten der Sedimentation, der Strukturbildung, des Magmatismus und der Metallogenie. Im Phanerozoikum sind zwei große Etappen zu unterscheiden: das Paläozoikum und das Meso- und Känozoikum. Die fünf Etappen des Präkambriums werden durch die wichtigsten Faltungsepochen, während deren sich die Tafeln bildeten, begrenzt (MURATOW 1965), während im Phanerozoikum zwei Hauptepochen, die herzynische und die alpidische, unterschieden werden. Diese sieben Entwicklungsetappen der Erdkruste betrachten wir hier auch als die metallogenetischen Hauptepochen, von denen sich eine jede aus mehreren zweitrangigen metallogenetischen Epochen zusammensetzt. Zur Charakterisierung dieser Hauptepochen wird im folgenden eine kurze Beschreibung der Bildung der Hauptstrukturen der Erdkruste und ihrer Erzführung gegeben.

Überblick über die Metallogenie der Tafeln

Die Afrikanische Tafel

In metallogenetischer Hinsicht am produktivsten ist ein Teil dieser riesigen Tafel Südafrika. Auf Abb. 1 haben wir versucht, die Angaben von NICOLAYSEN & BURGER (1966) zur Tektonik und die Angaben von KUN (1963) zur Metallogenie zusammenzufassen. Außerdem haben wir eine große Anzahl von absoluten Altersbestimmungen hinzugezogen, die aus verschiedenen Quellen stammen. Die Hauptstruktureinheit dieses Gebiets — der Rhodesische Schild — ist ein Rest der sehr alten Tafel (Prototafel), in der Gesteine mit einem Alter von 3 Mrd. Jahren vorkommen. Sie werden von Geosynklinalzonen (Alter der Gesteine = 2 Mrd. Jahre) durchzogen. Das Deckgebirge der Tafel hat ein Altersintervall zwischen 2750 und 2000 Mill. Jahren (die Serien des Dominion-Riffs, Witwatersrand u. a.). Das Deckgebirge der Afrikanischen Tafel ist nach Abschluß der Geosynklinalepoche im späten Proterozoikum entstanden und hat ein Alter von 600 Mill. Jahren bis heute.

In Südafrika werden Lagerstätten aus sechs verschiedenen Altersgruppen unterschieden:

1. die Lagerstätten der ältesten Gruppe = sedimentär-metamorphe Eisenlagerstätten, hydrothermale sulfidhaltige Quarz-Gold-Ganglagerstätten und Chromitlagerstätten in den Ultrabasiten;

2. die Gruppe der Lagerstätten mit einem Alter von 2,7 bis 2,0 Mrd. Jahren, die einerseits durch die im Bereich des Deckgebirges der Tafel gelegenen gold- und uranführenden Konglomerate und andererseits durch die geosynklinal aus Itabiriten entstandenen Eisenerz- und Manganlagerstätten des metamorphen Typs (die größten davon kommen in der Prätoria-Serie vor), durch an Ultrabasite gebundene Chromitlagerstätten und durch linsenförmig in den Gneisen eingelagerte Kupferlagerstätten (Messina) vertreten sind;

3. die relativ junge Gruppe (1,9 Mrd. Jahre) der magmatischen Chromit-, Platin-, Vanadium- und Kupfer-Nickel-Lagerstätten sowie der hydrothermalen, an die magmatischen Epitafelkomplexe (BUSHVELD u. a.) gebundenen hydrothermalen Zinnlagerstätten;

4. die Gruppe der sedimentären Kupfer-, Kobalt- und Uranlagerstätten von Katanga—Nordrhodesien (Alter = 1,2 bis 0,6 Mrd. Jahre);

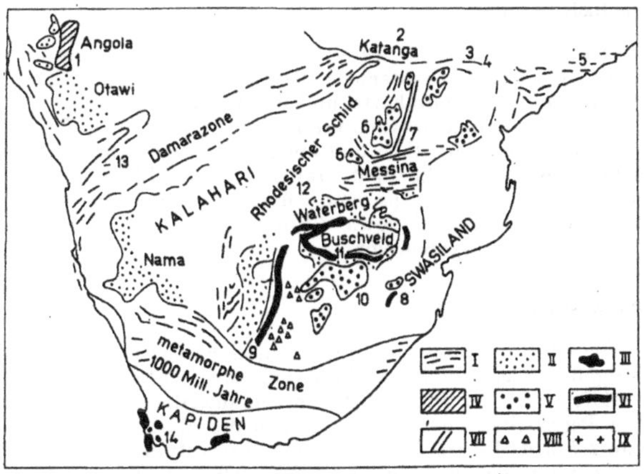

Abb. 1. Schema zur Orientierung über Tektonik und Metallogenie von Südafrika

(nach Materialien von KUN 1963, NICOLAYSEN & BURGER 1966)

I — Richtung der Falten; II — alte Tafeln von Südafrika; III — Granitoide in der Kapzone; IV — Anorthosite von Angola; V — golderzführende Gebiete (vorwiegend Konglomerate vom Witwatersrandtyp); VI — Zonen der Eisenerzlagerstätten (vorwiegend Itabirite); VII — Zonen der Chromitlagerstätten; VIII — Kimberlitpipes (Diamantlagerstätten); IX — Zinnlagerstätten (Zahlen = Altersangabe in Mill. Jahren) 1 = 1400; 2 = 600; 3 = 580 (Alter der Metamorphose); 4 u. 5 = 450 (Pegmatite); 6 = 2750 (Konsolidierung der alten Tafel — Dominion-Riff- und Witwatersrand-Serien); 7 = 3000—2700 (Chromitlagerstätten des Rhodesischen Schilds); 8 = 3300 (archäische Eisenerz- und Gold-Sulfid-Lagerstätten); 9 = 2300 (Itabirite und Chromite); 10 = 2300—2000 (Witwatersrand); 11 = 1940 (Bushveldkomplex ?); 12 = 1950 (Alter der regionalen Metamorphose des Rhodesischen Schilds); 13 = 520 (Alter der Metamorphose); 14 = 600 (Granite in der Kapzone)

5. die Gruppe der hydrothermalen Blei- und Zinklagerstätten (0,4 bis 0,2 Mrd. Jahre) und

6. die Gruppe der Zinn-, Diamant-, Niobium- und Tantallagerstätten (0,15 Mrd. Jahre bis heute).

Im Verlauf der metallogenetischen Hauptepochen sind die Lagerstätten mit den einmaligen Vorräten (Alter 2,3 und 0,65 Mrd. Jahre) entstanden.

Die Nordamerikanische Tafel

Die Prototafeln des Kanadischen Schilds liegen in der Nähe des Oberen Sees und im Rayon Yellowknife im NW von Kanada am Großen Bärensee und am Großen Sklavensee. Sie bestehen aus den archäischen Serien Keewatin und Timiskaming (3,5 bis 2,5 Mrd. Jahre). Letztere werden durch algomische Granite mit einem Alter von 2,5 Mrd. Jahren unterbrochen. Die Prototafeln sind durch Reste des Tafeldeckgebirges (Alter = unteres bis mittleres Proterozoikum) überdeckt (MURATOW 1966) und werden von den geosynklinalen Huronablagerungen eingefaßt. Diese wurden vor 1,8 bis 1,6 Mrd. Jahren gefaltet und bilden das Fundament der Nordamerikanischen Tafel (Abb. 2). Mit den ältesten Formationen sind die sulfidischen Golderz-Ganglagerstätten mit Scheelit verbunden (Red Lake u. a.). Sie haben ein Alter von 2,9 bis 2,4 Mrd. Jahren (GROSS & FERGUSON 1965).

In dem Deckgebirge der Prototafel, das aus der Bruce-Serie besteht, liegen die bekannten hydrothermalen Lagerstätten der aus fünf Elementen bestehenden Formation des Rayons Großer Bärensee (Eldorado), die metamorphogenen uranführenden Serien von Athabasca (Gunnar) und die uranführenden Konglomerate von Algoma (Blind River). Ihr Alter beträgt 2,0 bis 1,85 Mrd. Jahre. Eine stratigraphisch höhere Lage im System Kewaunee haben die bekannten vulkanogenen Kupferlagerstätten des Kap Kewaunee, die Dulit- und Nipissing-Diabase und die magmatischen Kupfer-Nickel-Lagerstätten von Sudbury mit einem Alter von 1,2 bis 1,0 Mrd. Jahren. An die Geosynklinalzonen des Huron-Systems, von denen die Prototafeln eingefaßt werden, sind sehr große metamorphogene Eisenerzlagerstätten der Itabirit- (Jaspilit-) Formation gebunden.

Im E wird der Kanadische Schild durch die Faltungszone von Greeneville (1 Mrd. Jahre) eingefaßt, in der an Anorthosite (Neufundland) gebundene, metasomatische Eisen- und Manganlagerstätten auftreten.

Die Südamerikanische Tafel

Der Schild von Guinea und der Schild von Brasilien werden durch archäische Kerne gebildet, die von proterozoischen Faltungssystemen umrahmt sind (MURATOW 1966). Die Granitisierung der archäischen Gesteine hat ein Alter von 2,6 und 2,0 Mrd. Jahren (KOLOTUCHINA 1968). Das Deckgebirge der Prototafel ist als nichtmetamorphosierte, flachgeneigt lagernde Sandsteinfolge der Roraima-Formation mit einem Alter von 1,7 Mrd. Jahren vertreten.

Zwischen den alten Massiven liegt das Geosynklinalsystem der Brasiliden. Es hat einen komplizierten Bau, entwickelte sich innerhalb eines langen Zeitraums und wurde vor 0,6 Mrd. Jahren endgültig konsolidiert. An dieses System sind Eisenerzhorizonte gebunden, in denen sich eine Anzahl von riesigen, metamorphogenen Eisenerzlagerstätten der Itabirit-Formation (Minas Gerais) und Manganlagerstätten (Zone zwischen dem brasilianischen Verwaltungsgebiet Amazonas und Zentralvenezuela) befindet. Die Eisenerz-Serie von Minas hat ein Alter von 1,9 bis 1,3 Mrd. Jahren. Sie ist faziell als Jakobina-Serie vertreten, die aus Konglomeraten und Quarziten, darunter auch goldführenden (Lagerstätten der Sierra di Jakobina) besteht. Wahrscheinlich ist die Jakobina-Serie die entsprechende Tafel zu der geosynklinalen Minas-Serie.

Mit dem granitoiden Magmatismus, sowohl mit dem alten als auch mit dem durch die spätriphäische Aktivierung der Südamerikanischen Tafel hervorgerufenen (KOLOTUCHINA 1968), sind die Pegmatit-, Greisen- und die hydrothermalen Quarzgang-Zinn-Wolfram-, Beryllium-, Tantal-Niobium- und Golderzlagerstätten von Ost- und Westbrasilien verbunden, die eine große Ähnlichkeit mit den Lagerstätten Westafrikas aufweisen (Abb. 3).

Die Osteuropäische Tafel

Das Fundament der Tafel im Bereich des Baltischen Schilds und des Sarmatschilds (Ukrainischer Schild und Woronescher Massiv) hat einen unterschiedlichen Bau. Im ersten Falle werden die alten Gneismassive — Reste der Prototafel mit einem Alter von 2,8 bis 2,7 Mrd. Jahren — durch die engen, langgestreckten Geosynklinalgürtel der Kareliden (Svekofenniden) eingefaßt, die 1,9 bis 1,76 Mrd. Jahre alt sind. Die alten Massive sind in ihrer Hauptmasse

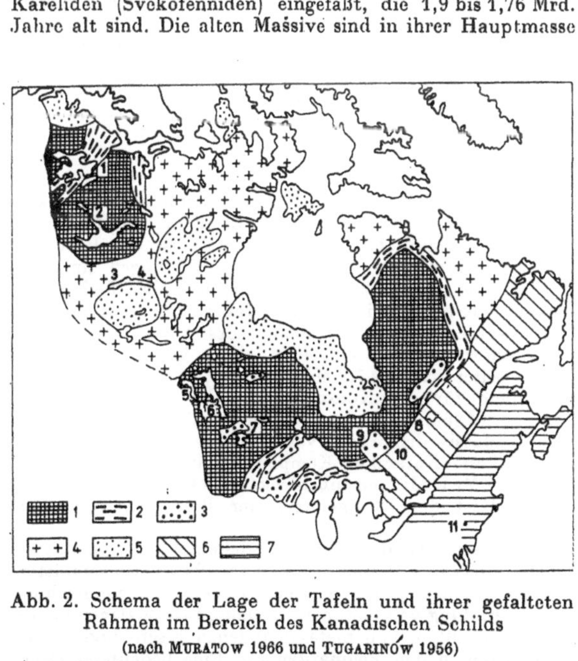

Abb. 2. Schema der Lage der Tafeln und ihrer gefalteten Rahmen im Bereich des Kanadischen Schilds

(nach MURATOW 1966 und TUGARINOW 1956)

I = Prototafeln (Keewatin- und Timiskaming?-Serie); II = Hurongeosynklinalen mit Lagerstätten der Itabirit-Formation; III = Reste des Hurondeckgebirges der Prototafeln mit Lagerstätten uran- und goldführender Konglomerate; IV = durch die Hudsonfaltung konsolidierte Ablagerungen (vorwiegend Granite); V = altes Deckgebirge der Hudsontafel; VI = Greenville-Zone; VII = Appalachen-Zone (Zahlen = absolutes Alter in Mill. Jahren): 1 = 400.(Lagerstätte Eldorado); 2 = 2100 (Lagerstätte Yellowknife); 3 = 1910 (Biverlog?); 4 = 1950 (Goldfield); 5 = 2300 (Steal Rock); 6 = 2475 (Mantioba); 7 = 2220 (Siu Lakaut); 8 = 1032 (Vilfarbors); 9 = 2000 (Blind River); 10 = 1200 (Sudbury); 11 = 950 (Franklin) erzlos, dagegen sind in den relativ jüngeren Massiven (Massiv des Weißen Meeres) mit einem Alter von 2,1 bis 1,9 Mrd. Jahren Pegmatitlagerstätten festzustellen. In den Geosynklinalen Kareliens treten eisenhaltige Quarzite mit einem Alter von 1,9 bis 1,8 Mrd. Jahren auf, ebenso sulfidische, primär vulkanogene Lagerstätten (Alter 1,8 Mrd. Jahre), vertreten mit Kupfer-, Polymetall-, Kobalt- und anderen Erzen.

Nach den Angaben von SIDORENKO (1961), LOBANOW (1962) und WOLODIN (1965) sind auf dem Gebiet der Karelischen ASSR und der Halbinsel Kola schwach metamorphosierte terrigene Sedimente jatulischen Alters (1,6 Mrd. Jahre) entwickelt, die die alten Gneiskerne transgressiv überlagern. Sie gehören wahrscheinlich zu den Resten des alten Tafeldeckgebirges. Charakteristisch ist auch die auf dem Territorium von Finnland festgestellte Gold- und Uranführung der Konglomerate (Uran in den alten Konglomeraten ... 1963). Im Bereich des Sarmatschildes hat das Fundament ein höheres Alter. Die Granitgneise mit einem Alter von 2,8 bis 2,5 Mrd. Jahren bilden hier fünf Massive. Zwischen den drei Ausstrichen der Prototafel erstrecken sich in meridialer Richtung folgende Geosynklinalzonen: die Saksagansker Zone (Zone von Kriwoi Rog) — Alter 2,6 bis 1,9 Mrd. Jahre —, die Orechowo-Pawlogradsker Zone — Alter 2,3 bis 2,1 Mrd. Jahre — und die Kursker Zone — Alter 2,6 bis 1,9 Mrd. Jahre. Innerhalb dieser Zonen liegen die bekannten Eisenquarzitlagerstätten. In den Gneismassiven treten Pegmatitlagerstätten auf. Das Grundgebirge ist vor 2,1 bis 1,9 Mrd. Jahren entstanden, die Schichtfolge der Owrutschquarzite mit einem Alter von 1,5 bis 1,3 Mrd. Jahren gehört zum Deckgebirge der Tafel. Die transgressiv auf den archäischen Gneisen (BELEWZEW 1964) lagernden Konglomerate der Saksagansker Serie sind wahrscheinlich Relikte des alten sedimentären Deckgebirges der Prototafel.

Die Lagerstätten der Osteuropäischen Tafel werden durch eine gleichartige und sehr reiche intensive Mineralisation des Archäikums, durch eine weite Verbreitung von Eisenquarziten und jüngeren Kies-, Kupfer-Molybdän- und Polymetall-Lagerstätten in den Geosynklinalzonen des Proterozoikums charakterisiert. Mit der Bildung der Tafel hängt auch die Entstehung von magmatischen Apatit-, Karbonatit-, Kupfer-Nickel-, Vanadium-Titan-Eisenerzlagerstätten und anderen Lagerstätten zusammen. In starkem Maße sind sie mit der Übergangsperiode vom Geosynklinalzum Tafelregime verbunden, für die häufig ein beachtliches Altersintervall von 1 bis 1,5 Mrd. Jahren (TUEZOW 1966) festgestellt wird.

Die Sibirische Tafel

Um ältere Bildungen (von KORSHINSKIJ als Mengrskij-Serie bezeichnet) handelt es sich bei dem Timptonischen Massiv des Aldanschilds. Dieses Massiv ist ein Rest der Prototafel (MURATOW 1966). Analoge Bildungen sind der Anabarschild (2,4 bis 2,2 Mrd. Jahre) und das Tscharsk—Olekma-Massiv (2,6 bis 2,26 Mrd. Jahre). Die Geosynklinalgürtel werden von den Systemen des Aldanplateaus und des Stanowoigebirges eingefaßt, diese haben ein relativ junges Alter (1,9 bis 1,8 Mrd. Jahre); das gleiche Alter wird auch für die Konsolidierung der Tafel angegeben (SABRODIN 1966). In seinem westlichen Teil ist das Tscharsk—Olekma-Massiv diskordant von Quarziten und Sandsteinen des Udokan—Kararsker Komplexes mit einem Alter von 2,0 bis 1,7 Mrd. Jahren überdeckt. Dieser Komplex muß als ein Rest des Deckgebirges der Prototafel angesehen werden.

Im Kern des Aldanschilds sind reiche Eisenerzlagerstätten des Skarntyps und metasomatische Phlogopitlagerstätten verteilt. In den proterozoischen Geosynklinalen zeichnet sich die Bildung von metamorphogenen Eisenerzlagerstätten in den Jaspiliten, von metasomatischen Eisen- und Titanlagerstätten in den Pegmatiten ab. Eine bedeutend interessantere Vererzung wurde vor relativ kurzer Zeit in den Sedimenten des Deckgebirges der Prototafel festgestellt. Nach den Angaben von BOGDANOW und anderen Wissenschaftlern (1965) wurden im mittleren und oberen Teil der Sandsteine und Aleurolithe der Udokan-Serie des unteren Proterozoikums drei Kupfersandsteinhorizonte des syngenetischen Typs festgestellt.

Die Indische Tafel

Das Fundament der Tafel besteht aus fünf präkambrischen Geosynklinalsystemen: Darwara, Eastern Ghats, Bandolkanda, Satpurakette und Delhi. Das erste System hat eugeosynklinalen Charakter. Es besteht aus Eisenquarziten, Amphibolithen und anderen Gesteinen mit einem Alter von 2,45 bis 2,3 Mrd. Jahren. Große Eisenerzlagerstätten des Itabirittyps und Manganlagerstätten (Alter 1,0 bis 0,9 Mrd. Jahre) sowie Chromitlagerstätten kommen auch im Satpurasystem vor.

Die Australische Tafel

Die ältesten Massive im Fundament der Plattform sind das Kalgoorliemassiv und das Pilbaramassiv. MURATOW (1965) stellt sie mit der Prototafel von Südamerika gleich. Nach den Pegmatiten zu schließen, haben die Massive ein Alter von 2,7 Mrd. Jahren. Zwischen ihnen verläuft ein riphäisches System mit einem Alter von 1,0 bis 0,9 Mrd. Jahren. Eine analoge Bildung dazu ist das System von Adelaide, das die präriphäische Tafel von E her einfaßt (Alter 1,5 bis 0,6 Mrd. Jahre). Im N und im S von Australien (Goleaplateau) sind proterozoische Gesteine mit einem Alter von 1,8 bis 1,6 Mrd. Jahren ausgebildet. Die Schilde werden von Gürteln der frühproterozoischen Konsolidierung des Kalgoorlie-Systems umrahmt, in dem vor relativ kurzer Zeit große und reiche Eisenerzlagerstätten nachgewiesen wurden, die sich auf den Jaspiliten gebildet haben. In den archäischen Gneisen der Kalgoorlie-Serie sind ziemlich zahlreiche erzführende, schwach sulfidische Quarzganglagerstätten verteilt. Zum geosynklinalen Typ gehören auch die bekannten Lagerstätten des Mount Isa, die SCHNEIDERHÖHN (1958) seinerzeit als alte Rammelsberganalogien ansah, und die Lagerstätten des Broken Hill. In jüngster Zeit vertreten immer mehr Geologen die Auffassung, daß sie vulkanogen-sedimentären Ursprungs sind (RICHARDS 1966). Das Alter der Vererzung beträgt 1,7 bis 1,3 Mrd. Jahre.

Zum Tafeltyp gehören die Lagerstätten der uranführenden Konglomerate, die im oberproterozoischen Deckgebirge des Westmorland-Systems im N von Australien liegen.

Der gegenwärtige Untersuchungsgrad der alten Lagerstätten sowie die Gruppierung der Lagerstätten nach allgemeinen metallogenetischen Epochen bieten keine Möglichkeit, diese streng nach einem tektonischen Prinzip zu gruppieren, und zwar nach den Entwicklungsstadien der geologischen Strukturen (geosynklinales, orogenes, postorogenes Stadium, Stadium der jungen und alten Tafeln, der tektonisch aktivierten Gebiete). Deshalb müssen wir uns in diesem Beitrag auf die Feststellung von zwei prinzipiell verschiedenen Lagerstättentypen beschränken, die während der verschiedenen Entwicklungsetappen der Erdkruste entstanden sind. Wir unterscheiden:

1. Lagerstätten des Geosynklinaltyps und
2. Lagerstätten des Tafeltyps.

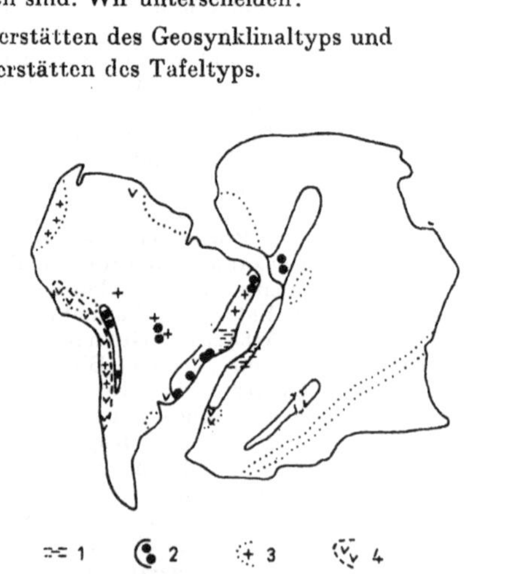

Abb. 3. Vergleichendes Schema des geologischen Baues und der Metallogenie Afrikas und Südamerikas

(nach PETRASCHECK 1968)

Erzprovinzen und Lagerstätten: 1 = Mangan; 2 = Zinn und Wolfram; 3 = Golderze; 4 = Blei-Zink

Bei den Lagerstätten der ersten Art handelt es sich um vulkanogen-sedimentäre und magmatische Eisen-, Chrom- und Platinlagerstätten, Golderzganglagerstätten, Pegmatit-, Zinn-Wolfram- und einige andere Lagerstätten, die während der nachfolgenden Metamorphose stark verändert wurden. Infolgedessen sind sie vorwiegend als metamorphogener Typ vertreten. Zur zweiten Gruppe gehören Lagerstätten gold- und uranführender Konglomerate, Kupfersandstein- und Kupferschieferlagerstätten, Blei-Zink-Lagerstätten in den Karbonatgesteinen, Diamant-, Karbonatit-, Apatit-, einige Eisenerz- und andere Lagerstätten. Sie zeigen einen relativ geringen Metamorphosierungsgrad; häufig sind sie überhaupt nicht metamorphosiert, auch wenn es sich um sehr alte Lagerstätten handelt.

Die Metallogenie der postkambrischen Faltungsgebiete

Die postkambrischen Geosynklinalgürtel basieren nach MURATOW (1967) auf einem baikalischen, metamorphosierten, gefalteten Untergrund mit einem Alter von 1600 bis 570 Jahren, der zum Riphäikum und zum Wend gehört. Der Untergrund hat sich auf einer ozeanischen Kruste unmittelbar auf der Basaltschicht gebildet. Nach dem Alter der abgeschlossenen Faltung wird hier gewöhnlich die kaledonische metallogenetische Epoche (Norwegen, Appalachen, Altai—Sajan-Gebiet), die herzynische (Zentraleuropa, Ural, Mittelasien, Ostaustralien u. a.), die kimmerische (NE der UdSSR, Anden, Ostaustralien, Tanasary? u. a.) und die alpidische metallogenetische Epoche (Mediterraner Gürtel, Himalaja, Nippon-Geosynklinale u. a.) unterschieden. Sie weisen eine Reihe von spezifischen Besonderheiten auf, die von vielen Wissenschaftlern in ihren Arbeiten behandelt wurden. Für die im Artikel vorgesehene Zielstellung ist es angebracht, die Vielzahl der Lagerstätten des Phanerozoikums in zwei metallogenetische Hauptgruppen einzuordnen:

1. in die paläozoische Hauptepoche (kaledonische und herzynische Epoche);
2. in die alpidische Hauptepoche (kimmerische und eigentliche alpidische Epoche).

Wenn bei einer solchen zusammengefaßten Gruppierung auch einige Einzelheiten der metallogenetischen Evolution wegfallen, so wird doch der Gesamtcharakter der Interpretation des Materials, das die Klärung der Hauptgesetzmäßigkeiten dieses Prozesses möglich macht, weiterhin bewahrt.

Folgende entscheidende Besonderheit der postkambrischen Geosynklinalen muß beachtet werden. In manchen Fällen (Grampian-Geosynklinale) sind die Gürtel aus zwei Stockwerken aufgebaut. Dies gilt als Beweis für ihre monozyklische Entwicklung. In anderen Fällen begann die Konsolidierung am Ende des herzynischen Faltungszyklus; diese Gürtel bestehen aus drei Stockwerken (Westeuropa, Magrib, Ural, Mittelasien). In der dritten Gruppe schließlich, die außer dem herzynischen auch einen alpidischen Zyklus der geosynklinalen Entwicklung aufweist, sind die Baikaliden von mehreren Strukturstockwerken überdeckt, die den polyzyklischen Verlauf des geosynklinalen Prozesses nicht nur in horizontaler, sondern auch in vertikaler Richtung gut zum Ausdruck bringen.

Der metallogenetische Charakter der festgestellten Entwicklungstypen des baikalischen Untergrunds und der überprägten Geosynklinalen ist unterschiedlich. Im ersten Falle sind Lagerstätten baikalischen Alters relativ häufig anzutreffen, aber vorwiegend sind kaledonische Lagerstätten (Norwegen) verbreitet. Im zweiten Falle sind baikalische Lagerstätten selten, dafür sind herzynische Lagerstätten (Zentraleuropa) weit verbreitet. In der dritten Gruppe sind keine baikalischen Lagerstätten bekannt. Es wird angenommen, daß sie nur in sehr geringer Anzahl in den ältesten metamorphen Schichtfolgen vorkommen (Rhodopenmassiv); die herzynischen sind stark metamorphosiert. Weit verbreitet sind alpidische Lagerstätten. Auf den epipaläozoischen Tafeln fehlen im Unterschied zu den alten Tafeln die charakteristischen Lagerstätten des Tafeltyps. Eine Reihe von alten Tafeln und Zonen der abgeschlossenen Faltung wird, beginnend mit dem späten Präkambrium, zum Mesozoikum hin mit zunehmender Intensität tektonisch aktiviert. Diese Gebiete weisen die charakteristischen metallogenetischen Besonderheiten auf (SCHTSCHEGLOW 1968).

Die metallogenetischen Hauptepochen

Die genannten Angaben machen eine vorläufige Darstellung der metallogenetischen Hauptepochen der Erde möglich. Die von MURATOW (1965) ausgesonderten tafelbildenden Faltungsepochen können unserer Meinung nach als Prozesse angesehen werden, die das Vorkommen der bekannten Lagerstätten in der Erdkruste innerhalb von metallogenetischen Hauptepochen bestimmen. Da im Präkambrium fünf tafelbildende Faltungsepochen unterschieden werden, versuchen wir, auch die Existenz von fünf metallogenetischen Hauptepochen im Präkambrium zu begründen. Die beiden jüngsten Epochen — die herzynische und die alpidische — gehören zum Phanerozoikum.

Nach MURATOW (1966) ergibt sich folgendes Altersschema für die wichtigsten tafelbildenden Epochen, angegeben in Mrd. Jahren:

1. jungrhodesische Epoche — 2,7 bis 2,5;
2. Belomorsker Epoche — (Weißmeerepoche) — 2,0 bis 1,8;
3. Hudson-Epoche — 1,7 bis 1,65;
4. gotische Epoche — 1,0 bis 0,9;
5. baikalische Epoche — 0,7 bis 0,5.

Zu den tafelbildenden Hauptepochen gehören unserer Meinung nach auch:

6. die herzynische Epoche — 0,2;
7. die alpidische Epoche — 0,05.

Hieraus ergeben sich für die sieben Hauptetappen der Entwicklung der Erdkruste folgende Altersgrenzen (in Mrd. Jahren):

1. Archäikum — 3,5 bis 2,5;
2. frühes Proterozoikum — 2,5 bis 1,8;
3. mittleres Proterozoikum — 1,8 bis 1,65;
4. frühes Riphäikum — 1,65 bis 0,9;
5. spätes Riphäikum — 0,9 bis 0,5;
6. Paläozoikum — 0,5 bis 0,15;
7. Mesozoikum und Känozoikum — 0,15 bis 0.

Die archäische metallogenetische Epoche

Die ältesten Bildungen sind als Granitgneise vertreten, die infolge der Granitisierung der magmatischen Gesteine mit basischer Zusammensetzung entstanden sind. Diese wurden unter dem Einfluß der Metamorphose in Hypersthen-Plagioklasgneise (Charnockite) umgewandelt, die die Amphibolit- und Granulitstufe des Metamorphismus verkörpern. Ebenso sind stark tonerdehaltige Gneise und kristalline Schiefer, Metavulkanite und Quarzite charakteristisch, mit denen Magnetit-Hypersthen- und Magnetit-Amphibolitgesteine verbunden sind (SALOP 1964). Die ausschließliche Entstehung von Eisenoxydulverbindungen erklärt STRACHOW (1962) mit dem Fehlen von freiem Sauerstoff im Archäikum.

Die marinen Sedimente des Archäikums haben keine Merkmale der geosynklinalen oder Tafel-Formationen. Sie werden durch eine konstante Zusammensetzung in horizontaler Richtung bei krassen Veränderungen in der Vertikalen charakterisiert. Die ältesten Ablagerungen mit sehr großen Mächtigkeiten bilden große, isometrische, kuppelförmige Falten, die von disharmonischen Fließfalten umgeben sind. Die magmatischen Bildungen sind als Granitgneise, Charnockite, relativ junge Alaskite und Pegmatite sowie verschiedene Migmatite (LASKO 1964) vertreten.

Die Metallogenie des Archäikums ist ziemlich kümmerlich. Neben sedimentär-metamorphen Eisenerzlagerstätten sind hier auch keramische und S-M-Pegmatite sowie hydrothermale Quarz-Golderz-Ganglagerstätten und möglicherweise eine kleine Anzahl anderer Erzformationen anzutreffen, die von GORSHEWSKIJ & KOSERENKO (1965) zu dieser Altersstufe gerechnet werden.

Als obere Grenze des Archäikums, mit der die besonderen Verhältnisse dieser frühen Entwicklungsperiode der sialischen Erdkruste abgeschlossen wurden, ist die großräumige Faltung anzusehen, die sich überall auf der Erde vollzog und durch die die Entstehung der ersten Tafelstrukturen gekennzeichnet ist. Diese wurden wegen ihrer Eigenart (geringe Ausmaße, Mobilität, lineare dreieckige Umrisse) von PAWLOWSKIJ (1962) als Prototafeln bezeichnet. Diese Faltungsepoche wird von MURATOW (1965) mit 2500 bis 2700 Mill. Jahren angegeben.

Die frühproterozoische metallogenetische Epoche

Nach dem Archäikum ist im Ergebnis der ersten Hauptepoche der Faltung im Bereich der Prototafeln die kontinentale Kruste mit einer Mächtigkeit von 35 bis 50 km entstanden. Zwischen den Tafeln, die einzelne Schollen darstellen (Reste der ehemals einheitlichen archäischen Kruste), wurden primäre Geosynklinalen gebildet, enge Zonen mit einer Länge von einigen tausend Kilometern. Für sie ist die Jaspilit-Formation (Geosynklinale von Kriwoi Rog, Labrador, Westqueensland u. a.) charakteristisch. Die Entwicklung der Geosynklinalen kam ohne Inversion und Gebirgsbildung zum Abschluß, infolgedessen haben sich keine mächtigen Molassen abgelagert.

Die Tafeln zeigten bei relativ geringen Ausmaßen (in der Größenordnung bis zu 1000 km entlang ihren linearen Begrenzungen) eine starke Beweglichkeit, was sowohl die großen Mächtigkeiten der Sedimente des Deckgebirges als auch die spezifische magmatische Aktivität verursachte. Während dieser Etappe sind nicht nur metasomatische und palingene, sondern auch magmatische Gesteinsvarietäten weit verbreitet. Die Faltungsstrukturen der Geosynklinalen haben im wesentlichen lineare Formen. Der Metamorphosegrad ist in den Geosynklinalen und auf den Tafeln sehr unterschiedlich. Dabei sind die am stärksten metamorphosierten Bildungen gewöhnlich an die engen Zonen des intrusiven Magmatismus gebunden (CHAIN 1968; LASKO 1964).

Die endogene Mineralisation der frühproterozoischen Etappe ist produktiv und sehr mannigfaltig, wobei die Entwicklung von Erzformationen verschiedener Typen in den Geosynklinalen und auf den Tafeln für sie charakteristisch ist. Bei den Geosynklinalen handelt es sich um riesige Eisenerzvorräte, die in den eisenhaltigen Quarziten (Itabiriten, Jaspiliten) konzentriert sind. Die meisten Wissenschaftler nehmen heute für sie einen primären vulkanogen-sedimentären Ursprung an (BELEWZEW 1968; DSOZENIDSE 1965; FORMOSOWA 1962 u. a.). Die nachfolgenden Umwandlungen der Substanz unter dem Einfluß einer überprägten Metamorphose, die von BELEWZEW am Beispiel des Beckens von Kriwoi Rog untersucht wurden, führten zur Bildung der reichen Eisenerzlagerstätten.

Neben den typomorphen Eisenerzlagerstätten bildeten sich im Verlauf der frühproterozoischen Epoche Chromit- und Manganlagerstätten, Quarz-Golderz-Ganglagerstätten, metamorphosierte linsenförmige Kupferlagerstätten und andere Lagerstätten des Geosynklinaltyps.

Im Bereich der Prototafeln von Südafrika und Kanada sind die Tafellagerstätten der gold- und uranführenden Konglomerate entstanden. Man kann sie ebenfalls zu den typomorphen Lagerstätten des Proterozoikums rechnen. In anderen Fällen (Tschark—Olekma-Massiv) haben sich im Bereich des frühproterozoischen Deckgebirges der Prototafel riesige Kupfersandsteinlagerstätten gebildet.

Zu den charakteristischen Besonderheiten dieser Epoche zählt die Spezifik des Magmatismus, mit dem das Auftreten solcher Formationen wie des Bushveldmassivs verbunden ist. Sie sind nicht so sehr für die Tafeletappe, sondern vielmehr für den Übergang von der Geosynklinal- zur Tafeletappe typisch. Diese Übergangsetappe umfaßt nach den Angaben von TUEZOW (1966) für die archäischen Faltungsgebiete das gesamte Proterozoikum (1,5 Mrd. Jahre). Die an die genannten Formationen gebundenen Lagerstätten zeigen eine einmalige Vielfalt von magmatischen Chrom-, Kupfer-, Nickel-, Platin-, Vanadiumlagerstätten und hydrothermalen Gold- und Zinnlagerstätten. Sie sind relativ gut erhalten geblieben, da sie wegen ihres festen Untergrunds vor nachfolgenden tektonischen Umwandlungen geschützt waren.

Die mittelproterozoische metallogenetische Epoche

Diese Etappe umfaßt einen bedeutend geringeren Zeitabschnitt — insgesamt 150 Mill. Jahre —, weshalb sie auch von vielen Wissenschaftlern nicht als eine selbständige Etappe ausgesondert wird. Auch die Einordnung des mittleren Proterozoikums in das stratigraphische Schema des Präkambriums wird nicht akzeptiert. Trotzdem ist sie sowohl in geotektonischer als auch in metallogenetischer Hinsicht sehr wesentlich. Im ersten Falle wird sie deutlich durch zwei tafelbildende Epochen begrenzt, im zweiten Falle sind während dieses Zeitraums die großen einmaligen, für die ganze Welt bedeutenden Lagerstätten entstanden.

Von der vorhergegangenen Etappe wird diese durch die Belomorsker Faltung getrennt, was durch die Bildung der Tafel des Weißen Meeres, der Sarmattafel, Aldan—Anabar-Tafel, der Nordwestafrikanischen Tafel, der Brasilianischen und der Darwaratafel gekennzeichnet war. Für diese Tafeln sind mächtige Serien von intensiv metamorphosierten Gneisen charakteristisch. Sie sind bei der Konsolidierung der großräumigen geosynklinalen Senken (PAWLOWSKIJ 1962) entstanden und umfaßten wahrscheinlich riesige Gebiete, die in der Folgezeit geosynklinal abgesunken sind.

Im Grundgebirge der genannten Gruppe von Tafeln sind Pegmatitgänge verbreitet. Für NIKITIN (1968) waren sie die Hauptinformationsquelle bei der Ausarbeitung der Hypothese über einen metasomatischen Ursprung dieser Gänge. Zu den geosynklinalen Lagerstätten gehören auch viele Lagerstätten der Jaspilit-Formation, insbesondere die der Brasiliden (Minas Gerais und Venezuela) sowie die riesigen Lagerstätten der Kies-Polymetall-Formation (Broken Hill und Mount Isa).

Unter den auf den Tafeln herrschenden Bedingungen haben sich gewaltige hydrothermale Uranlagerstätten, die ältesten davon in Kanada (Eldorado), gebildet. Wir neigen zu der Auffassung, daß die Bildung von anderen Tafellagerstätten, u. a. die Lagerstätten metallführender Konglomerate von Brasilien, Australien und Finnland, mit dieser Epoche zu verbinden sind.

Die frühriphäische metallogenetische Epoche

Diese Epoche schließt sich an die Hudsonepoche der Faltung (Karelische Epoche) an, während der sich die Körper der alten Tafeln der nördlichen Halbkugel bildeten, die in ihrer weiteren Entwicklungsgeschichte in bedeutend geringerem Maß verändert wurden. Die zu diesem Zeitpunkt bereits existierenden Prototafeln wurden von Graniten durchschmolzen; die Geosynklinalzonen bildeten sich zu den konsolidierten Faltungszonen der Kareliden, Hudsoniden (Churchill-System u. a.) um. Der feste Untergrund dieser Tafeln wurde durch die Sedimente des Deckgebirges überdeckt, die bereits schon etwas deformiert waren (Jotnisker Serie, Owrutsch-Serie, Kewaunee-Serie, Stanowoi-Serie u. a.).

In metallogenetischer Hinsicht ist diese Epoche wahrscheinlich etwas weniger produktiv als die vorangegangenen Zeitabschnitte. In den Geosynklinalen bilden sich weiterhin mächtige Eisenquarzitschichtfolgen, die Metallieferer für die metamorphogenen Eisenlagerstätten (Indien, Afrika, Südamerika) darstellen. Wahrscheinlich können die vulkanogenen sulfidischen und uranhaltigen Eisenerzlagerstätten von Mittelschweden und Finnland, deren Alter zwischen 1690 und 1500 Mill. Jahren liegt, zu dieser Epoche gerechnet werden. Auf vielen Tafeln ist die Seltenmetallmineralisation begrenzt ausgebildet. Sie ist durch Pegmatit- und Greisenwolframitlagerstätten, Kassiteritlagerstätten, niobium- und tantalhaltige Golderzlagerstätten (Ägypten, Uganda, Transvaal, Australien, Indien) vertreten. Gewöhnlich sind sie mit Granitoiden (Alter 1050 bis 850 Mill. Jahre) verbunden (KUN 1963). Nicht besonders reich an Erzlagerstätten sind die Gürtel des Greenville-Systems, die sich an die peripheren Teile der alten Tafeln anschließen. Zu ihnen gehören die Eisenerz- und Manganerzlagerstätten vom Pegmatit-Itabirit-Typ der Satpurakette (Indien) mit einem Alter von 980 Mill. Jahren, die an Anorthosite gebundenen metasomatischen Eisenerzlagerstätten Finnlands und des Greenvillegürtels in der Nähe des Labradorbeckens (Magnetiterze mit Ilmenit und Titanit).

Zum Tafeltyp der Lagerstätten der genannten Epoche kann nach den vorhandenen Angaben mit Sicherheit eine Reihe von magmatischen Lagerstätten des Kanadischen Schilds gerechnet werden. Die bedeutendsten davon, die Lagerstätten von Sudbury (1200 Mill. Jahre), Duluth und Nipissing, sind als Kupfer-, Nickel-, Silber- und Kobaltkonzentrationen vertreten.

Die spätriphäische metallogenetische Epoche

Diese Epoche ist regional auf der gesamten Erde verbreitet. Ihre obere Grenze fällt mit der planetaren Faltung zusammen, die unterschiedlich bezeichnet wird — als baikalische, katangische, assyntische, kadomische usw. In einem Zeitraum von 700 bis 550 Mill. Jahren wurden die

Tabelle

Metallogen. Hauptepochen	Wichtigste tafelbildende Faltungsepochen	Intensität der Prozesse der Erzmineralisation	Wichtigste Erzformationen	
			Geosynklinaltyp	Tafeltyp
Mesozoikum — Känozoikum (150—0)	alpidische Faltung (50)	mittlere Intensität	Kupferkies-Form.; Kies-Polymetall-Form.; Chromit-Form.; Skarn-Magnetit-Form.; Sulfid-Kassiterit-Form.; Quarz-Kassiterit-Wolframit-Form.; Kupfer-Molybdän-Form.; Gold-Tellur-Gangform; Propylit-Gold-Silber-Form.; Quecksilber-Antimon-Form.	Blei-Zink-Formation in Karbonatgesteinen; Kupfersandstein-Form.; 5-Elemente-Form.; Karbonatit-Form.; Kimberlit-Form.; Kupfer-Nickel-Formation
Paläozoikum (500—150)	herzynische Faltung (200)	starke Intensität	Kupferkies-Formation; Kies-Polymetall-Form.; Chromit-Formation; Titan-Magnetit-Formation; Platin-Formation; Skarn-Magnetit-Form.; Zinn-Wolfram-Greisen-Form.; Blei-Zink-Skarn-Form.; Antimon-Quecksilber-Formation	Blei-Zink-Formation; in Karbonatgesteinen; Kupfersandstein-Form.; 5-Elemente-Form.; Kimberlit-Form.; Karbonatit-Form.; Apatit-Form.; Kupfer-Nickel-Formation
Spätes Riphäikum (900 bis 500)	baikalische Faltung (700—500)	sehr starke Intensität	Kupferkies-Formation; Magnetit-Ilmenit-Formation; Chromit-Formation; Golderz-Quarz-Gangformation; Pegmatit-Formation	Blei-Zink-Formation; in Karbonatgesteinen; Kupferschiefer- und Kupfersandstein-Form. (häufig mit Co, U); Pegmatit-Form. mit Uran; Zinn-Wolfram-Greisen-Form.; Kimberlit-Formation
Frühes Riphäikum (1650—900)	gotische Faltung (1000—900)	schwache Intensität	Jaspilit-Formation; Eisen-Sulfid-Form.; mit Uran; Quarz-Seltenmetall-Gangformation; (W, Sn, Au-Ta-Nb) Pegmatit-Formation; Eisenmangan-Formation; Eisen-Titan-Formation	Kupfer-Nickel-Formation; Kupfer-Nickel-Silber-Kobalt-Form. (Sudbury-Dulut-Typ)
Mittleres Proterozoikum (1800—1650)	Hudson-Faltung (1700—1050)	mittlere Intensität	Kies-Polymetall-Formation; Jaspilit-Formation; Pegmatit-Formation; Chromit-Formation	Formation der metallführenden Konglomerate; 5-Elemente-Formation
Frühes Proterozoikum (2500—1800)	Belomorsker Faltung (2000—1800)	sehr starke Intensität	Jaspilit-Formation; Chromit-Formation; Eisen-Mangan-Form.; Quarz-Golderz-Gangform.; Kupfer-Formation (Linsen in den Metamorphiten)	Formation der gold- und uranführenden Konglomerate; Kupfer-Sandstein-Formation; Chromit-Kupfer-Nickel-Form. mit Pt, V, Sn, Au (Bushwald-Typ)
Archäikum (3500—2500)	südrhodesische Faltung (2700—2500)	schwache Intensität	Magnetit-Hypersthen-Formation; Magnetit-Amphibolit-Formation; Pegmatit-Formation mit Ta-Nb; Quarz-Golderz-Gangformation	

Anmerkung: In Klammern ist das Alter in Mill. Jahren angegeben.

katangische, brasilianische, baikalische, timanische Geosynklinalzone und die von Adelaide und Delhi konsolidiert (MURATOW 1966).

Die Metallogenie dieser Epoche ist ungewöhnlich produktiv und kann nur mit dem frühen Proterozoikum verglichen werden. In diese Epoche fällt die Bildung der riesigen kobalt- und uranhaltigen Kupferschiefer- und Kupfersandsteinlagerstätten vom Tafeltyp (Kupferzone von Nordrhodesien und Katanga) sowie ähnlicher Lagerstätten von Manguli (Südrhodesien). Wahrscheinlich sind die Lagerstätten der Kupfer- und Blei-Zink-Formation in den Karbonatgesteinen, die nach STAM (1960) in Äquatorialafrika von Gabun bis Angola (Alter 720 bis 500 Mill. Jahre) zu verfolgen sind, als erste Lagerstätten entstanden.

Von gewisser Bedeutung für die Metallogenie von Afrika sind auch die an die von ROCCI (1966) in meridialer Richtung durch die Sahara und durch den etwa E—W streichenden Gürtel von Moçambique verfolgten tektonisch aktivierten Gebiete gebundenen Lagerstätten. Im Jahre 1968 haben wir eine ziemlich große Anzahl von kleineren Zinn-, Wolfram- und Berylliumlagerstätten der Greisen-Formation untersucht, die an Taurit-Granite (Alter 600 Mill. Jahre) gebunden sind und sich entlang dem großen Bruch erstrecken, der den Suggara- und Farusa-Komplex des Untergrunds von Achaggara begrenzt. Wahrscheinlich müssen mit der Aktivierung auch die Lagerstätten der uranführenden Pegmatite und die Chromitlagerstätten in den Ultrabasiten von Madagaskar in Zusammenhang gebracht werden, für die DELBOS (1965) ein Alter von ca. 500 Mill. Jahren bestätigt.

Zum Geosynklinaltyp gehören die großen Skarn-Magnetit-Lagerstätten der Baikaliden im S der Sibirischen Tafel, die eisenhaltigen Quarzite und magmatischen Ilmenitlagerstätten in den Anorthositen der Provinz Quebec, von Kanada und Nordostamerika sowie im W und S von Afrika und im E von Südamerika, wo kleinere Zinn-Wolfram-Greisenlagerstätten und größere hydrothermale Golderz- und Kupferlagerstätten verbreitet sind. Diese beiden Kontinente weisen in ihren gegenüberliegenden Teilen große Ähnlichkeiten im geologischen Bau und in der Metallogenie auf. Diese Tatsache wurde in den jüngsten Arbeiten von TUGARINOW (1963), KOLOTUCHINA (1968) und PETRASCHECK (1968) festgestellt und dienen als Beweis für die Drift der Kontinente (Abb. 3).

In der Tabelle ist eine zusammenfassende Charakteristik der fünf metallogenetischen Hauptepochen des Präkambriums angeführt, die mit den beiden Hauptepochen im Phanerozoikum (herzynische und alpidische Etappe) verglichen werden.

Zusammenfassung

1. Das neueste Material über das geochronologische Alter der Erzlagerstätten ist ein Beweis dafür, daß diese Lagerstätten zu einer Zeit entstanden sind, die den von MURATOW (1965) unterschiedenen tafelbildenden Hauptepochen in der Entwicklungsgeschichte der Erdkruste entspricht.

Die weitere Analyse der Verteilung der Erzlagerstätten nach dem Alter führt zu der Schlußfolgerung, daß die Lagerstätten, die während der frühen eigentlichen geosynklinalen Stadien der metallogenetischen Epochen und in einem Tafelregime entstanden sind, ein sehr unterschiedliches Alter haben. Konstanter sind die Grenzen der Faltungsperiode.

2. Es werden sieben metallogenetische Hauptepochen ausgesondert: a) die archäische Hauptepoche; b) die frühproterozoische Hauptepoche; c) die mittelproterozoische Hauptepoche; d) die frühriphäische Hauptepoche; e) die spätriphäische Hauptepoche; f) die paläozoische Hauptepoche; g) die meso-känozoische Hauptepoche.

3. Die Besonderheiten der geologischen Bedingungen der Lagerstättenbildung der einzelnen geotektonischen Typen sind durch die unterschiedlichen Quellen der Metalle bedingt. Es gibt drei Arten von Quellen. Erstens: Die Metalle stammen aus dem Magma des Erdmantels; zweitens: Sie stammen aus dem Granitmagma der Erdkruste; drittens: Sie sind nichtmagmatischer Entstehung (SMIRNOW 1969).

4. Die metallogenetische Evolution der Erdkruste vollzog sich zwischen zwei Epochen in zwei Richtungen: als gerichtete Entwicklung und als postumer Prozeß. Die erste Richtung zeigte sich in der konstanten Komplizierung der Zusammensetzung der typomorphen Lagerstätten von den alten zu den jungen hin (s. Tab.). Die Postumität der Lagerstätten drückt sich in der Wiederholung der „durchreichenden" Erzformationen in den verschiedenen Epochen aus und ist eine Widerspiegelung der polyzyklischen Entwicklung der Geosynklinalgebiete.

5. Interessant ist eine begrenzte Anzahl von Varietäten der älteren geosynklinalen Lagerstätten. Im Präkambrium ist ein „Defizit" an postmagmatischen Lagerstätten zu verzeichnen, die für die Geosynklinalzonen des Phanerozoikums charakteristisch sind, wodurch auch die kontinuierliche Komplizierung der Zusammensetzung der Lagerstätten von den alten zu den jüngeren bedingt ist.

Die schwache Ausbildung von postmagmatischen Lagerstätten im Präkambrium erklärt DOMAREW (1968) mit der geringen Mächtigkeit der Sialschicht, der großen Tiefe des Erosionsanschnitts und vor allen Dingen durch den Metamorphismus, infolgedessen diese Lagerstätten wegen ihrer Instabilität unter den neuen thermodynamischen Bedingungen zerstört wurden.

Eine andere Auffassung vertritt SOUBEK (1965). Er zählt alle präkambrischen Zyklen von Europa zu den nichtabgeschlossenen. Er ist der Auffassung, daß das geosynklinale Regime dieser Epochen vor der Vererzung endete. Nur der herzynische Zyklus konnte sich voll ausbilden. Er wurde von dem subsequenten Magmatismus begleitet, womit SOUBEK auch die gesamte Vielfalt der Erzlagerstätten Zentraleuropas erklärt.

6. Die in den metallogenetischen Epochen des Präkambriums entstandenen Lagerstätten wurden von einer nachfolgenden Metamorphose erfaßt, deren Intensität durch die geotektonische Position der Lagerstätten bestimmt wird. Am stärksten wurden die Lagerstätten der Geosynklinalen verändert, bedeutend schwächer die Lagerstätten, die in den Übergangsperioden von der Geosynklinale zur Tafel entstanden sind. In geringem Maße wurden die Lagerstätten des Tafeltyps metamorphosiert.

Literatur

BELEWZEW, JA. N.: Die Metallogenie der präkambrischen Geosynklinale des Ukrainischen Schildes. – Isw. AN SSSR, ser. geol., Nr. 1 (1964).

– Metamorphogene Lagerstätten. In: Genesis der endogenen Lagerstätten. – Nedra (1968).

BILIBIN, JU. A.: Metallogenetische Provinzen und Epochen. – Gosgeoltechisdat (1955).

BOGDANOW, JU. F., G. G. KOZIN, E. I. KUTYREW u. a.: Geologie, Verteilungsgesetze und Bildungsbedingungen der Kupfersandsteine des nordöstlichen Olekma-Witim-Berglandes. – Sowj. geol., Nr. 11 (1965).

CHAIN, W. E.: Über die Haupttendenzen der Entwicklung der Erdkruste. – Westn. MGU, Nr. 2 (1968).

DEKATE, I. G.: Precambrian orogenic cycles and tungsten metallogeny. – Current sci. (India), Nr. 13 (1966).

DELBOS, L.: Sur l'age de quelques minéralisations de Madagascar. – Bull. Bureau rech. géol. et minières, No. 1 (1965).

DOMAREW, W. S.: Über den zyklischen Charakter der geotektonischen metallogenetischen Entwicklung der Faltungsgebiete. – Westn. LGU, Nr. 24 (1963).

– Über die Evolution der Erzbildungsprozesse in der Erdgeschichte. In: Probleme der Kristallochemie der Minerale und der endogenen Mineralbildung. – Nauka (1967).

– Probleme der allgemeinen Metallogenie. – Westn. LGU, Nr. 24 (1968).

DSOZENIDSE, G. S.: Die Rolle des Vulkanismus bei der Bildung der Nebengesteine und Erze. – Nedra (1965).

FERSMAN, A. E.: Geochemie, Bd. II. – ONTI – Chimteoret, L. (1934).

FORMOSOWA, L. N.: Die Bildungsbedingungen der Oolitheisenerze im unteren Paläozoikum und Präkambrium. – Tr. GIN AN SSSR, Ausg. 70 (1962).

GORSHEWSKIJ, D. I., & W. N. KOSERENKO: Beziehungen der endogenen Erzbildung zum Magmatismus und Metamorphismus. – Nedra (1965).

GROSS, W. H., & S. A. FERGUSON: The anatomy of an Archean greenstone belt. – Canad. Mining and Metallurg. Bull., No. 641 (1965).

KOLOTUCHINA, A. E.: Grundzüge der tektonischen Entwicklung Südamerikas. – Isw. AN SSSR, ser. geol., Nr. 8 (1968).

KUN, D. N.: The mineralogenetic provinces of Africa. – Econ. Geol. vol. 58, No. 5 (1963).

LASKO, E. M.: Zur Charakteristik der archäischen und proterozoischen Etappe in der Entwicklungsgeschichte der Erdkruste am Beispiel der präkambrischen Gürtel Eurasiens. In: Geologie des Präkambriums. Vorträge sowj. Geologen XXII. Tag. MGK. – Nedra (1964).

LOBANOW, I. N.: Die jatulischen Quarzkonglomerate Kareliens und ihre Entstehung. – Isw. AN SSSR, ser. geol., Nr. 5 (1962).

MAGAKJAN, I. G.: Grundlagen der Metallogenie der Kontinente. – Isdwo AN Arm. SSR, Jerewan 1959.

MURATOW, M. W.: Die Hauptepochen der Faltung und die Megastadien der Entwicklung der Erdkruste. – Geotektonik, Nr. 1 (1965).

– Vergleichende Tektonik des Grundgebirges und Entstehungsgeschichte der alten Tafeln. – Geologija i raswedka, Nr. 3 (1966).

– Die geosynklinalen Faltungsgürtel und Systeme, Entwicklungsetappen und Magmatismus. – Isw. AN SSSR, ser. geol., Nr. 10 (1967).

NADAREJSCHWILI, O. S.: Petrologie der Granitoide und Kristallschiefer am Oberlauf des Malyj Zelenzuk (Nordkaukasus). – Autorref. kand. diss. Isdwo Tbilisskogo unta (1962).

NICOLAYSEN, L. O., & A. Y. BURGER: Note an extensive tone of 1000 mill. year old metamorphic and igneous rocks in Southern Africa. – Géochronologie Absolue, Centre National la Recherche Scientifique, Paris, v. 11 (1966).

NIKITIN, W. D.: Pegmatitlagerstätten. In: Genesis der endogenen Erzlagerstätten. – Nedra (1968).

OBRUTSCHEW, W. A.: Die metallogenetischen Epochen und Gebiete Sibiriens. – Tr. Inta prikl. mineral. i metallurgii, Ausg. 21 (1926).

PAWLOWSKIJ, E. W.: Über die Besonderheiten der tektonischen Entwicklung der Erdkruste im frühen Präkambrium. – Tr. Wost.-Sib. geol. inta SO AN SSSR, ser. geol., Ausg. 5 (1962).

PETRASCHECK, E. W.: Kontinentalverschiebung und Erzprovinzen. – Mineral. Deposita, Nr. 3 (1968).

RASNIZIN, W. A.: Über den Ursprung der Erdkruste und die Hauptetappen ihrer Entwicklung. – Isw. wyss. usebn. sawed., ser. geologija i raswedka, Nr. 10 (1965).

RICHARDS, S. M.: The banded iron formations at Broken hill, Australia, and their relationship the lead-zinc orebodies. – Econ. Geol., Nr. 1 (1966).

ROCCI, G.: Essai d'Interorctation de mesures Géochronologiques de la strukture de l'ouest African. – Géochronologie Absolue. Centre National de la Recherche Sci., Paris, VII (1966).

SABRODIN, W. E.: Über die frühen Entwicklungsetappen des sedimentären Deckgebirges des Südostens der Sibirischen Tafel. – Isw. AN SSSR, ser. geol., Nr. 8 (1966).

SALOP, L. I.: Die Geochronologie des Präkambriums und einige Besonderheiten der frühen geosynklinalen Entwicklungsetappe der Erde. In: Geologie des Präkambriums. Vortr. sowj. Geol. XXII. Tag. MGK. – Nedra (1964).

SCHATSKIJ, N. S.: Die geotektonische Gesetzmäßigkeit in der Verteilung der endogenen Erzlagerstätten. – Isw. wyss. usebn. sawed., ser. geologija i raswedka, Nr. 11 (1960).

SCHNEIDERHÖHN, G.: Erzlagerstätten. – Isdwo inostr. lit. (1958).

SCHTSCHEGLOW, A. D.: Die Metallogenie der Gebiete der autonomen tektonischen Aktivierung. – Nedra (1968).

SEMENENKO, N. P.: Metallogenie des präkambrischen Schildes und der Faltungszonen der Ukraine. In: Metallogenie der präkambrischen Schilde und alten Mobilzonen. – Isdwo AN USSR (1960).

SIDORENKO, A. W.: Zur metallogenetischen Untersuchung der metamorphen Schichtenfolgen. – Isw. AN SSSR, ser. geol., Nr. 5 (1961).

SMIRNOW, W. I.: Abriß der Metallogenie. – Gosgeoltechisdat (1963).

– Über die Quellen der Substanz der endogenen Lagerstätten mineralischer Rohstoffe. – Isw. AN SSSR, ser. geol., Nr. 3 (1969).

SOUBEK, W.: Einige Gesetzmäßigkeiten der Erzbildung in Verbindung mit dem Magmatismus und der Tektonik des Böhmischen Massivs und der Westkarpaten. – Geol. i geofis., Nr. 5 (1965).

STAM, I. G.: Some ore occurences of the Missisipi Valley type in Equatorial Africa. – Econ. Geol., Nr. 8 (1960).

STRACHOW, N. M.: Entwicklungsetappen der äußeren Geosphären und der sedimentären Gesteinsbildung in der Erdgeschichte. – Isw. AN SSSR, ser. geol., Nr. 2 (1962).

TERNER, F. S.: Metallogenetische Provinzen und Epochen. In: Probleme der Erzlagerstätten. – Isdwo inostr. lit. (1958).

TUEZOW, I. K.: Die Übergangsetappen der alten Tafeln auf dem Territorium der UdSSR. – Sowj. geol., Nr. 1 (1966).
TUGARINOW, A. I.: Epochen der Mineralbildung im Präkambrium. – Isw. AN SSSR, ser. geol., Nr. 9 (1956).
– Die Geochronologie Westafrikas und Nordost-Brasiliens. – Geochimija, Nr. 1 (1966).
TUROWSKIJ, S. D.: Einige Besonderheiten der endogenen Metallogenie in der geologischen Geschichte der Erde. – Tr. Inta geol. AN Kirg. SSR, Ausg. VI, Frunse 1955.
– Uran in den alten Konglomeraten. Autorenkollektiv unter der Redaktion von W. N. KOTLJAR. – Gosgeoltechisdat (1963).
TWALTSCHRELIDSE, G. A.: Über die metallogenetische Evolution der Erdkruste. – Geol. sb. Nr. 2, KIMS, Gosgeoltechisdat (1962).
WINOGRADOW, A. P., & A. I. TUGARINOW: Geochronologie des Präkambriums. – Geochimija, Nr. 9 (1961).
WOLODIN, W. F.: Die präkambrischen goldführenden Konglomerate der UdSSR. – Sowj. geol., Nr. 11 (1965).

Buchbesprechungen

TRUNKÓ, L.

Geologie von Ungarn

Berlin, Stuttgart: Verlag Gebrüder Borntraeger 1969. IX, 257 S., 99 Abb. und 8 Tab. im Text, 55 Fotos auf Kunstdrucktaf., 10 Abb. und 1 Tab. auf Ausschlagtaf., 2 geol. Übersichten, DM 98,–

Nachdem in der 1961 von Prof. H. J. MARTINI begründeten Reihe „Beiträge zur regionalen Geologie der Erde" mit den Bänden 1 bis 7 zusammenfassende Darstellungen der regionalen geologischen Verhältnisse verschiedener Gebiete Nord-, Mittel- und Südamerikas sowie des Nahen Ostens erschienen sind, liegt uns jetzt mit der „Geologie von Ungarn" erstmals die Beschreibung eines europäischen Landes vor.

LÁSZLÓ TRUNKÓ hat sich der Mühe unterzogen, für den deutschsprachigen Leserkreis eine Synthese der bisherigen geologischen Erforschung eines großtektonischen Bereichs vorzunehmen, dessen Bau unter anderem wichtige Schlüsse auf Genese und Umgestaltung der Ostalpen und Karpaten zuläßt. Für Vergleiche mit den Nachbargebieten liefern die Aufschlüsse in den jungpaläozoischen, mesozoischen und känozoischen Ablagerungen Ungarns mannigfaltiges Studienmaterial. Dabei erregte das Tertiär durch die vielfältigen Produkte magmatischer Tätigkeit von jeher das besondere Interesse der Vulkanologen.

TRUNKÓ stützte sich bei der Zusammenstellung seines Werkes in erster Linie auf die „Geologie Ungarns" (letzte Aufl. 1960 in ungarischer Sprache; 1964 russische Übersetzung, herausgegeben von E. E. MILANOWSKIJ und W. E. CHAIN, Verlag MIR, Moskau) von E. VADÁSZ, der auch etwa ein Viertel der Abbildungen entstammen. Im üblichen Wettlauf zwischen neuen Forschungsergebnissen und dem Drucktermin eines Buches konnte TRUNKÓ etwa den Kenntnisstand von 1966 darstellen, wobei er sich aber bemühte, durch Ergänzungen auch noch Arbeiten bis einschließlich 1968 zu berücksichtigen.

Die Sprache des Buches ist klar und flüssig. Fehler im Text und an den Abbildungen finden sich nur sehr selten. Daß neben deutschen in einigen Fällen auch englische, französische und ungarische Bezeichnungen an den Profilen und graphischen Darstellungen auftreten, stört beim Studium des Werkes nicht weiter.

Die Grobunterteilung des Textes ist nach der Stratigraphie vorgenommen worden. Die wichtigsten regionalen Einheiten Ungarns bilden die Feingliederung.

Inhalt: I. Paläozoikum (15 Seiten); II. Mesozoikum (57 S.); III. Tertiär (28 S.); IV. Quartär (14 S.); V. Die Becken (20 S.); VI. Magmatismus (11 S.); VII. Paläogeographie (11 S.); VIII. Tektonische Übersicht (9 S.); IX. Bodenschätze (15 S.); engl. Zusammenfassung (9 S.).

Zahlreiche Tabellen und Abbildungen sowie eine Anzahl technisch recht ansprechender und geologisch instruktiver Fotos bilden Ergänzungen zum Text. Hervorzuheben ist das umfangreiche, gut gegliederte Literaturverzeichnis mit über 400, fast ausschließlich modernen Arbeiten. Dem weniger mit der Geographie und Geologie Ungarns vertrauten Leser wird Hilfsmaterial geliefert in Form einer kleinen geographischen Übersichtskarte des Landes mit den wichtigsten Gebirgen, Becken, Flüssen und Ortschaften, einer Übersetzung der Legende der geologischen Karte von Ungarn im Maßstab 1:300000 (1956 von der Ungarischen Staatlichen Geologischen Landesanstalt herausgegeben), einem Autoren-, Sach- und Ortsregister sowie einem „Miniwortschatz" der wichtigsten auf ungarischen Karten vorkommenden geographischen Bezeichnungen mit der zugehörigen Aussprache der Buchstaben des ungarischen Alphabets.

K. JOHN

HÜBNER, M.

Untersuchung der F^-/OH^--Austauschadsorption an Mineralen der Illitgruppe und an Kaolinit

Leipzig: VEB Deutscher Verlag für Grundstoffindustrie 1969. Freiberger Forsch.-H., C 244, 103 S., 50 Abb., 12 Tab., M 20,30

Der Verf. untersuchte die Abhängigkeit des Anionenaustauschverhaltens vom pH-Wert, der Korngröße, der Art der adsorbierten Kationen, der Temperatur und dem Einfluß des Ton : Lösungsmittel-Verhältnisses, verglich das Kationen- und Anionenaustauschverhalten hinsichtlich der mineralspezifischen Verhältnisse miteinander und prüfte, ob aus dem Anionenaustauschvermögen auf die Dimensionen (Radius und Dicke) der Tonminerale geschlossen werden kann.

1. Der pH-Wert ist der entscheidende Faktor für die Kinetik und die Einstellung des Austauschadsorptionsgleichgewichts. Bei höheren pH-Werten (> 8) werden keine Fluoridionen aufgenommen, d. h., beim Transport von mit Fluor beladenen Tonteilchen im bewegten Wasser wird je nach dem vorliegenden pH-Wert Fluorid adsorbiert oder wieder freigesetzt. Es läßt sich daraus ableiten, daß trotz sehr niedriger Fluoridkonzentration einer Lösung mit jedoch hoher Wasserstoffionenkonzentration von hydroxylhaltigen Schichtsilikaten merkliche Fluormengen aufgenommen werden können.

2. Es wurde die Existenz energetisch verschiedener diskreter Austauschbereiche im Adsorptionssystem nachgewiesen, wobei die zweite Austauschstufe eine deutliche Beziehung zur Korngröße zeigt.

3. Die Erniedrigung der austauschfähig fest adsorbierten Fluoridionen mit der Art des Kations demonstriert folgende Reihe: Ca > Ba > Al > H > Li > Na > K > NH_4.

4. Eine Temperaturerhöhung steigert das Anionenaustauschvermögen.

5. Bei Bestimmung des Anionenaustauschvermögens aus der Hydroxylionenfreisetzung besteht eine deutliche Abhängigkeit vom Ton : Lösungsmittel-Verhältnis.

6. Beim Vergleich des Anionenaustauschvermögens mit dem Kationenaustauschvermögen konnte kein mineralspezifisches Verhältnis beider Werte nachgewiesen werden. Während das Kationenaustauschvermögen mit abnehmender Korngröße steigt, nimmt die Anionenaustauschkapazität bei NH_4^+-belegten Proben ab.

7. Da als Austauschpositionen im Inneren der Adsorbentien Ultra- und Mikroporen, bei stark quellbaren Tonmineralen auch Zwischenschichträume neben Prismen- und Basisflächen sowie diskrete Bereiche der diffusen elektrischen Doppelschicht in Frage kommen, ist es nicht möglich, aus dem Anionenaustauschvermögen auf Radius und Dicke der Tonminerale zu schließen.

D. LAVES

ZESCHKE, GÜNTER

Mineral-Lagerstätten und Exploration
Bd. I: Mineral-Lagerstätten für Reaktoren-Material

Stuttgart: Ferdinand Enke Verlag 1970. VIII, 351 S., 224 Abb., DM 54,–

Der in der Such- und Erkundungstätigkeit mineralischer Lagerstätten erfahrene Autor unternimmt es, in vier Bänden ein Nachschlagewerk herauszugeben, das in Form standardisierter kurzer Texte zu zahlreichen, für wichtige Lagerstätten charakteristischen Grund- und Saigerrissen einen schnellen Überblick über die morphologische Vielfalt der Lagerstätten als Grundlage für vergleichende ökonomische

Bewertungen geben will. Die Idee zu diesem Vorhaben ist anerkennenswert, da für den in der Suche und Erkundung (vor allem im Ausland) Tätigen als Grundlage seiner Untersuchungen wirklich eine die wichtigsten lagerstättenökonomischen Daten enthaltende tabellarische Zusammenstellung nebst typischen Lagerstättenskizzen für ökonomische Bewertungen mehr nützt als langatmige Ausführungen.

Nach Ankündigung im Bd. I sollen insgesamt vier Bände erscheinen. Der Bd. I behandelt alle Lagerstätten, die für die Atomenergiewirtschaft von Bedeutung sind (U, Al, B, Ba, Be, F, Li, Mg, Nb, Seltene Erden, Ta, Tc, Ti, Th, V, Zr und Graphit); im Bd. II sollen die Buntmetallagerstätten dargestellt werden (der Autor nennt sie unbegreiflicherweise Basis-Metallagerstätten), im Bd. III jene Elemente, die für die Stahl- und Eisenindustrie von Bedeutung sind, und im Bd. IV schließlich die restlichen.

Jedem Kapitel, das die Lagerstätten eines Elements behandelt, sind in gedrängter Form Angaben zu den Lagerstättentypen und zur Lagerstättenökonomie vorangestellt. Auf jeweils zwei Seiten werden behandelt: Minerale, Lagerstättentypen, Elementgehalte, Preise, Weltproduktion, Weltvorräte, Art der bei der Suche anzuwendenden Verfahren und Teste, Verwertung des Rohstoffs sowie Literatur. Die Lagerstättenskizzen werden nach folgendem Schlüssel näher erläutert: Metalle oder Minerale, die auf der betreffenden Lagerstätte gewonnen werden, Art der Skizze, Haupterzminerale, Nebenminerale, Gangarten, Metall- bzw. Mineralgehalte, Produktionshöhe, Vorräte, Genese, Literatur und sonstige Bemerkungen.

So anerkennenswert das Vorhaben des Autors bezüglich der Darstellung des für Lagerstätten vom Standpunkt der ökonomischen Bewertung wirklich Typischen ist, bedrückt den Leser doch die Erscheinung, daß an den (absolut gesehen auch noch kurzen) Textstellen ungenau oder zumindest recht unbekümmert formuliert wird. Einige Beispiele: Im Untertitel zur Überschrift des Buches werden die behandelten Elemente genannt „... Te, Th, Ti, Zr und Gr". „Gr" ist kein neues Element, sondern soll Graphit bedeuten. S. 3: „Das Manuskript wurde in 3 Teile zerlegt." Aber es werden vier Bände herausgegeben. S. 4: „Die Lagerstätten-Typen, sind nach Genese und Erscheinungsbild, soweit als möglich, nach der Wichtigkeit, für das betreffende Element oder Mineral gegeben." „Die Weltreserven sind ebenfalls schnell veraltet." „Die Prospektion wird angedeutet. Größere Fachwerke behandeln diese Kapitel ausführlicher." „Die Verwertung des betreffenden Elementes oder Minerals wird kurz angegeben, denn besonders in Entwicklungsländern sucht man oft im eigenen Lande nach einer Verwendung für ein neu gefundenes Mineral."

Auf S. 5 folgt: „Namen für Gesteine und Minerale und auch für Prozentgehalte wurden soweit als möglich in die Zeichnung gesetzt." sowie „Aus zeichentechnischen Gründen war es nicht immer möglich, auf eine Art von Signaturen beschränkt zu bleiben ..." S. 7: „Das Hauptmineral wird auf das wichtigste Mineral beschränkt." S. 8: „Die Haufenwerksproduktion, meist schlechthin als Produktion bezeichnet, wird entweder in ta/to, mo/to oder ja/to angegeben." Die Bezeichnungen „ta/to" und „ja/to" werden im ganzen Buch verwendet. Gemeint ist: Tagestonnen (tato) oder Jahrestonnen (jato) bzw. t/Tag oder t/Jahr.

Unter 8. auf S. 298 werden unter Tellur Angaben zur Produktion der Grube Rammelsberg bei Goslar gemacht, wobei es heißt „1955–1960 ∼ 180000 je t Erz"? Als Gangart des Rammelsberger Erzes wird neben Serizit und wenig Quarz „Carbon-Material" angegeben. Statt gediegen Gold wird „Au-nat" geschrieben usw.

Diese und ähnliche, nicht besonders seriösen textlichen Darlegungen werfen die Frage nach der Gediegenheit und der Zuverlässigkeit auch der Zeichnungen und des Zahlenmaterials in dem Nachschlagewerk auf. Es ist mit dem Autor und im Interesse des Autors zu hoffen, daß bei der Zusammenstellung dieser Daten sorgfältiger vorgegangen wurde.

Der Autor klagt (mit Recht) über die in der Literatur häufig anzutreffenden, nicht besonders instruktiven, manchmal überladenen rißlichen und kartenmäßigen Lagerstättendarstellungen. Er schreibt (S. 5): „Leider hat sich die schlechte Darstellungsart, besonders in der östlichen Fachwelt, sehr eingebürgert." Diese pauschale Unterstellung ist zu tendenziös, um wahr zu sein. Der Autor hat nach Meinung des Rezensenten zudem auch keinen besonderen Grund, wegen „schlechter Darstellungsarten" über Gebühr zu Felde zu ziehen. Auch beim Lesen solcher Vokabeln wie „Freie Welt" (Abb. 2 auf S. 2) fragt man sich: Was hat dieser Terminus (ohne seinen Wahrheitsgehalt zu analysieren) in einem montangeologischen Nachschlagewerk zu suchen? Der Autor schreibt schließlich auf S. 7: „Die Gruben-, Minen-Namen, Orte, Bezirke, Distrikte und das Land werden mit dem Originalnamen wiedergegeben. Meist wurden sie nicht verdeutscht, um sie international lesbar zu lassen. Es mag sein, daß das eine oder andere Land noch unter seinem alten Kolonialnamen erscheint. Dem Autor sei das verziehen!" Natürlich erscheint die ehemalige Uranlagerstätte Johanngeorgenstadt prompt unter „Deutschland". Dem Autor kann wegen der unabdingbaren Forderung an den Wissenschaftler, objektiv zu sein und die Realität abzubilden, hier nur schwerlich verziehen werden. G. Tischendorf

Park, C. F. jr., & R. A. Macdiarmid

Ore Deposits, 2. Aufl.

San Francisco: W. H. Freemann and Comp. 1970. XIII, 522 S., 159 Abb., sh 92 (£ 4,60)

Die erste Auflage dieses Buches wurde in Heft 12 (1965) dieser Zeitschrift besprochen und als ein außerordentlich brauchbares, aber nicht alle Seiten der Erzlagerstättenlehre behandelndes Buch bezeichnet. Die Anlage der Arbeit ist geblieben. In fast allen Kapiteln erfolgten Erweiterungen. Neu ist eine allerdings nur wenige Seiten umfassende Einfügung über „Metallogenetische Provinzen und metallogenetische Epochen". Wer sich schnell über die wichtigsten Gesichtspunkte der Lagerstättenbildung orientieren will, wird sie — übersichtlich dargestellt — in diesem Lehrbuch finden. Sein eingehendes Studium ist zu empfehlen.

G. Tischendorf

Hoffmann, D.

Die Erdölgewinnung in Norddeutschland

Hamburg: Verlag Otto Vieth 1970. 136 S., 20 Abb., 5 Übersichten, zahlr. Tab., DM 29,60

Der Verf. hat sich der lobenswerten Aufgabe unterzogen, unter Ausnutzung aller verfügbaren Akten des Oberbergamts Clausthal-Zellerfeld und unter Hinzuziehung der für ihn erreichbaren Unterlagen sowohl von Gemeinde-, Stadt- und Staatsbehörden als auch einzelner Firmen, die Geschichte des Erdölbergbaus im westlichen Norddeutschland zu rekonstruieren und aufzuzeichnen. Er kommt dabei zu der überraschenden Feststellung, daß in diesem Gebiet bereits seit über fünf Jahrhunderten Erdöl gewonnen und verarbeitet wurde.

Aus den ersten Anfängen entstand bis zum Ende des 18. Jahrhunderts eine für damalige Verhältnisse beachtliche Produktion von Öl und Teer aus den Teerkuhlen von Wietze, Hänigsen, Edemissen und Reitlingen. Auf dieser Basis entwickelte sich etwa von der Mitte des 19. Jahrhunderts bis in die 20er Jahre des 20. Jahrhunderts mit der ihnen eigenen hektischen und chaotischen Betriebsamkeit eine Vielzahl von kleinen und mittleren kapitalistischen Betrieben. Der Faschismus begünstigte durch die geophysikalische Reichsaufnahme und das Reichsbohrprogramm die Monopolbildung. Dabei blieb die überwiegende Anzahl der kleinen und mittleren Unternehmen zugunsten einiger großer auf der Strecke.

Zwar enthält sich der Verf. irgendwelcher gesellschaftskritischer Bemerkungen über diese Entwicklung, aber aus der Gesamtschau ist doch zu erkennen, mit welch ungeheurem Aufwand an geistiger Kraft und materiellen Mitteln in zäher Kleinarbeit diese Industrie vorangetrieben und zum Erfolg geführt wurde. Viele Einzelheiten sind so vor dem Vergessen bewahrt worden und konnten im Text, in den Abbildungen und auf den Tafeln der Mitwelt erhalten werden. Das ist zweifellos ein großes Verdienst dieser Schrift. Bedeutungsvoll dabei ist das Herausarbeiten der Entwicklung der Bohrtechnik, die Hand in Hand ging mit einer immer intensiver werdenden wissenschaftlichen Durchdringung der Materie, einer sich von Jahr zu Jahr mehr festigenden und vervollständigenden Erdölgeologie.

Die letzten zwanzig Jahre sind von der Arbeit nicht erfaßt. Ihnen sind, wie das Vorwort ausweist, weitere Veröffentlichungen vorbehalten. Das gut ausgestattete, übersichtlich geordnete Bändchen schließt mit historischen Tafeln, mit der Erwähnung besonders verdienter Wissenschaftler und Techniker und mit einer Aufzählung des Schrifttums und der gebrauchten Akten. K. KAUTER

GMELIN — DURRER

Metallurgie des Eisens

Band 2: Allgemeine Voraussetzungen für die technische Reduktion der Eisenerze — Rohstoffe. Die technischen Verfahren außerhalb des Hochofens

Band 2a: Textteil, Band 2b: Figurenteil.

4. völlig neu bearbeitete Auflage. Zugleich Ergänzungen zu Gmelins Handbuch, System-Nr. 59, „Eisen" — Teil A, Lfg. 3—5. In der Sammlung Gmelins Handbuch der anorganischen Chemie, 8. Aufl. Weinheim: Verl. Chemie GmbH 1968. DM 492,—

Die im Bd. 1 begonnene Behandlung der Rohstoffe für die technische Reduktion der Eisenerze und ihre Vorbereitung für die Verhüttung wird im vorliegenden Bd. 2 abgeschlossen. Weiter werden die technischen Verfahren der Reduktion der Eisenerze behandelt, jedoch ohne das Hochofenverfahren, das im Bd. 3 dargestellt werden soll.

Das vorliegende Handbuch gibt einen zusammengefaßten, aber gleichzeitig umfassenden Überblick der veröffentlichten wissenschaftlichen Erkenntnisse bis zum Jahre 1967 auf den Gebieten

— der physikalisch-chemischen Grundlagen der Reduktion der Eisenerze und
— der technischen Verfahren zur Reduktion der Eisenerze außerhalb des Hochofens.

Die Anforderungen, die aus technischer Sicht an die Einsatzstoffe gestellt werden, die Bewertungskriterien ihrer Eigenschaften sowie die Einschätzung der Prüfverfahren geben nicht nur dem Metallurgen, sondern auch dem Geologen, Bergmann und Aufbereiter einen Einblick in die bestehende wissenschaftliche Problematik. Es werden vor allem die Zusammenhänge zwischen den durch die metallurgischen, verfahrensbedingten Prämissen und den in den Vorstufen erreichbaren Möglichkeiten und deren wechselseitige Beeinflussung deutlich gemacht.

Der Überblick über die wichtigsten Eisenerz- und Manganerzvorkommen, ihre Zusammensetzung und Bewertung reicht bezüglich der Lagerstätten von der geologischen Position, dem Lagerstättentyp, der Charakteristik des Roherzes, der Art der Gewinnung und Aufbereitung, den Angaben über die Jahresförderung bis zu zukünftig geplanten Förderungen. Die geschätzten Eisenvorräte beinhalten geologisch nachgewiesene Reserven und potentielle Quellen in den einzelnen Ländern und werden insgesamt mit 71,2 Mrd. t Eisengehalt beziffert.

Die für die technische Reduktion wichtigen Eigenschaften der Eisenerze und der Eisenerzagglomerate, wie die Kornverteilung, das Schüttverhalten, die mechanische Festigkeit, das Erweichungsverhalten, die Porosität, der Oxydationsgrad und die Reduzierbarkeit, werden vom Begriff her bestimmt, die möglichen Prüfverfahren genannt und erzielte Ergebnisse der Praxis dargelegt, verglichen und gewertet.

In der Übersicht über die Herstellung von Steinkohlen- und Braunkohlenkoks wird eine knappe Darstellung gegeben, die sich vor allem auf die Verwendung für die Reduktion der Eisenerze bezieht und die damit im Zusammenhang stehende Problematik der Anforderungen, die der Metallurge an die Eigenschaften des metallurgischen Kokses stellen muß, behandelt. Die Kokereitechnik und neuen Verkokungsverfahren werden, soweit es dem allgemeinen Verständnis dient, abgehandelt, ohne aber in weitere Details einzudringen, was sicherlich auch nicht Ziel dieses Handbuchs sein kann.

Die technischen Verfahren zur Reduktion der Eisenerze außerhalb des Hochofens, wie die Reduktion im Niederschachtofen, die Reduktion im Elektroverhüttungsofen und die Verfahren zur direkten Reduktion, werden mit unterschiedlichem Gewicht behandelt. Beim Niederschachtofenverfahren werden die Entwicklung, die wichtigsten physikalisch-chemischen Daten der Erze und Zuschlagstoffe, das metallurgische Verfahren und die einzelnen Bauarten der Öfen besprochen.

Man muß aber auch kritisch vermerken, daß, wie dies auch aus den Literaturangaben ersichtlich ist, in den letzten Jahren dieses Verfahren zunehmend an Bedeutung und Aktualität verloren hat, was vor allem auf ökonomische Gründe im Vergleich zu anderen Verfahren zurückzuführen ist.

Ausführlicher wird dagegen auf die Herstellung von Roheisen im Elektroverhüttungsofen eingegangen. Im Weltmaßstab werden z. Z. ca. 2% des Roheisens nach diesem Verfahren hergestellt. Rein verfahrenstechnisch ergeben sich gegenüber dem Hochofen einige Vorteile, so sind z. B. wegen der geringen Beschickungshöhe (ca. 3 m) die Anforderungen an die Festigkeit der Möllerbestandteile geringer, und die starke Wärmekonzentration und die hohen Ofentemperaturen schaffen günstige Voraussetzungen für die metallurgischen Reaktionen.

Ausschlaggebend für die Anwendung dieses Verfahrens sind jedoch die Kosten für die aufzuwendende Energie und die Art des zu erschmelzenden Roheisens. Nach gegenwärtigen Erkenntnissen dürften nur bei niedrigen Stromkosten bzw. bei der Herstellung von Sonderroheisensorten die wirtschaftlichen Bedingungen für die Anwendung dieses Verfahrens erfüllt werden können.

Da für zukünftige Entwicklungen durch Kernenergie eine billige Stromerzeugung zu erwarten sein dürfte und somit die Heizenergie aus Elektroenergie billiger werden könnte als die Heizenergie aus Koks, kann dieses Verfahren auch für die Herstellung von Roheisen durchaus noch weiter an Bedeutung gewinnen. Von sehr aktueller Bedeutung sind die Verfahren zur direkten Reduktion von Eisenerzen. Zu dieser neuen Entwicklungsrichtung wird in dem vorliegenden Handbuch eine Übersicht über 68 Verfahren, die zur Zeit der Jahre 1966/67 bekannt waren, gegeben. Aus dieser Zahl ist erkenntlich, daß in allen fortgeschrittenen Industrieländern der Welt dieser Entwicklung besondere Aufmerksamkeit geschenkt wird. Die Gegenüberstellung der einzelnen Verfahren, die Darstellung des gegenwärtigen Entwicklungsstands und der Vergleich der einzelnen Erzeugnisse lassen interessante Rückschlüsse zu. Neben der Lösung der technischen Probleme sind für die großtechnische Anwendung dieser direkten Reduktionsverfahren jedoch vor allem ökonomische Gesichtspunkte ausschlaggebend. Die großtechnische Anwendung der direkten Reduktion ist nur noch eine Frage der Zeit. Entscheidend wird sein, welches Verfahren die besten ökonomischen Werte erreichen wird. Dort, wo die Problematik der gegenwärtigen Forschung beginnt, wie z. B. bei der „Chlor-Metallurgie", endet dieses Handbuch, da es abgeschlossene Ergebnisse speichert, nicht aber über zukünftige Tendenzen und Trends berichtet.

W. WORMBS

Autorenkollektiv

Deep Sea Drilling Project, Leg 10

„Geotimes", **15**, H. 6, S. 11—13, Juli—Aug. 1970

Die 10. Bohrreise der „Glomar Challenger" begann am 13. Febr. 1970 in Galveston in Texas und endete am 5. April in Miami in Florida. An den 13 Bohrpunkten 85 bis 97 wurden 14 Bohrungen von 1,6 bis 899 m Länge, insgesamt von 6217,8 m, in Meerestiefen von 1633 bis 3763 m niedergebracht. 162 Kerne von einer Gesamtlänge von 1194,3 m, entsprechend 19% der Gesamtbohrlochlänge, wurden gebohrt. Davon wurden 736,9 m (62%) ausgebracht.

Die Bohrungen sollten die Sedimentationsverhältnisse im Golf von Mexiko klären. Es ergab sich, daß dieser mindestens seit der obersten Kreide (Santon) und im südöstlichen Teil seit dem Cenoman ein Tiefwasserbecken darstellte. Im westlichen Teil des Golfs verhinderten mächtige grobe Sande ein Vordringen in tiefere Schichten als Miozän. Klastische Turbidite waren überwiegend vertreten und schienen aus westlicher Richtung zu stammen. Die im mittleren Miozän festgestellten groben Sandsteine mit Geröllen waren die gröbsten terrigenen Sande, die in den tieferen Teilen des Golfs angetroffen worden waren. Die Ablagerungsgeschwindigkeiten im Miozän waren mit denen des Pleistozäns vergleichbar.

Im Pliozän war vorwiegend pelagische Sedimentation zu erkennen. Im Pleistozän dominierten wieder klastische Sedimente, jedoch kamen sie aus nördlicher und östlicher Richtung. Es zeigte sich eine gute Übereinstimmung mit den geophysikalischen Meßergebnissen.

In allen Bohrungen innerhalb des tiefen Beckens wurden Erdgas, vorwiegend Methangas, angetroffen. Es scheint in den obersten einige hundert m mächtigen Sedimentschichten unabhängig vom Alter der Schichtenfolgen biogen entstanden zu sein.

Die Bohrung 92 auf dem Sigsbee Scarp (Böschung) war durch Sicherheitsvorschriften stark behindert. Trotzdem konnten Erscheinungen der Salztektonik erkannt werden. Bis zu 220 m Tiefe wurden spätpleistozäne Tone angetroffen. Darauf folgten bis 286 m, d. h. bis 20 m oberhalb des als Salz angesprochenen Refraktors, brekziöse und zum Teil verhärtete Mudstones. Das Porenwasser stieg im Bohrlochtiefsten auf die fünffache Salinität des Meerwassers an.

In Bohrungen auf dem Campeche Scarp wurden Flachwasserdolomite der Unterkreide angetroffen. Dagegen konnte man von der Oberkreide aufwärts bathyale Kreidekalke und Kalkschlämme feststellen.

Ableitungen entlang der steilen Böschung sind durch das Fehlen gewisser Folgen der Kreide angedeutet und zeigen sich auch in den geophysikalischen Profilen. In der Bohrung 85 wurde auch Gesteinsschutt beobachtet.

Entlang der Böschung in östlicher Richtung und über die Tiefwasserrinnen zur Floridastraße hinweg wurden Hornsteine in zunehmender Häufigkeit, Mächtigkeit und Dichte festgestellt. Der Chertgradient erweist sich möglicherweise als wichtiges Hilfsmittel für das Studium der Hornsteinformation.

Für eine Verbesserung der biostratigraphischen Erkenntnisse war es wertvoll, daß auf der Bohrreise 10 pelagische Sedimente des gesamten Känozoikums und eines großen Teils der Oberkreide untersucht werden konnten. Ferner wurden wohlerhaltene Radiolariengemeinschaften aus Sedimenten von der Oberkreide bis zum Miozän geborgen, die ausgezeichnet nach planktonischen Foraminiferen und kalkigen Nannofossilien horizontiert werden konnten. Einzigartig war die Vergleichsmöglichkeit in Sedimenten des Eozäns und Paläozäns, wodurch der stratigraphische Wert eozäner und paläozäner Radiolarien erhöht werden konnte. H. Reh

Ewing, M., & D. Hayes

Deep-sea drilling in Antarctic waters

„Geotimes", **15**, Nr. 9, S. 15–16, Nov. 1970

Aus ihren Erfahrungen an Bord der Südpolarforschungsschiffe „Vema", „Robert D. Conrad" und „Eltanin" sowie des Bohrschiffs „Glomar Challenger" machen die Verf. den Vorschlag, zum Studium der Sedimente in den antarktischen Meeren außer Bodenproben mit Rohrstutzen und geophysikalischen Profilen auch Tiefbohrungen von Bohrschiffen aus einzusetzen. War es bisher möglich, Klimawechsel und damit verbundene Änderungen der marinen Fauna innerhalb der letzten 6–7 Mill. Jahre zu überblicken, so würden die größeren Eindringtiefen der Bohrungen der „Glomar Challenger" einen viel weiteren Rückblick auf geologische Ereignisse gestatten.

Die Verf. weisen darauf hin, daß bis Ende 1972 auch in den antarktischen Meeren genügend geologische und geophysikalische Daten vorliegen werden, um ein zweckmäßiges Bohrprogramm für das Bohrschiff „Glomar Challenger" planen zu können. Während der Wintermonate könnte das Bohrschiff in gemäßigten Breiten südlicher Meere operieren.

Als wissenschaftliche Ziele für Bohrungen in antarktischen Meeren werden angeführt: Stratigraphie und Verteilung der Sedimente; Geschichte der Aufteilung von Gondwanaland; Rolle der Antarktis als Sedimentlieferant; potentielle mineralische Rohstoffe; Stabilität klimatischer Verhältnisse und der Polarfront; mögliche Beziehungen zwischen dem Aussterben von Faunen und Epochen magnetischer Polarität; Absenkung des antarktischen Kontinents im Verhältnis zur Eisbedeckung. H. Reh

Neuerscheinungen und Literaturhinweise

...

Atlas der Texturen und Strukturen von Sedimentgesteinen 2. Teil: Karbonatgesteine
Moskau: Verl. Nedra 1969. 708 S., 40 Abb., 231 Taf., 34 Tab.

...

Beiträge zur physikalisch-chemischen Petrographie
Moskau: Verl. Nauka 1969. 328 S., Abb.

Doe, B. R.

Lead isotopes
Berlin usw.: Springer-Verl. 1970. 137 S., 15 S. Lit.
(Minerals, rocks and inorganic materials. Monograph series of theoretical and experimental studies. 3. Subseries: Isotopes in geology)

...

Experimentelle Untersuchungen der Mineralbildungsprozesse
Moskau: Verl. Nauka 1970. 152 S., Abb.

...

Geochemie der hydrothermalen Erzlagerstätten
Moskau: Verl. Mir 1970. 542 S., getr. Lit. (Nauki o semle, T. 27) (Aus dem Engl.)

Kagan, A. I.

Die Zuverlässigkeit der Systeme der Ölfeld-Telemechanik
Moskau: Verl. Nedra 1969. 101 S., 26 Abb., 16 Tab., 36 Lit.

Kalabin, A. I.

Die Gewinnung nutzbarer Bodenschätze durch unterirdische Auslaugung
Moskau: Atomisdat 1969. 374 S., 375 Lit.

Kerimow, S. G.

Dynamische Berechnungen von Bohrkolonnen
Moskau: Verl. Nedra 1970. 160 S., 67 Abb., 10 Tab.

Lefond, S. J.

Handbook of word salt resources
New York: Plenum Press 1969. 384 S., getr. Lit.
(Monographs in Geoscience)

Lukaschew, W. K.

Geochemie der quartären Lithogenese
Minsk: Verl. Nauka i technika 1970. 296 S., 42 Abb., 95 Tab.

...

Offshore Europe
London: Scientific surveys (Offshore) Ltd. 1968. 352 S., getr. Lit., Tab., Lit.

...

Probleme der Geologie und Technik der Inbetriebsetzung übertiefer Bohrungen auf Erdöl und Erdgas in der Ukrainischen SSR
Kiew: Verl. Naukowa dumka 1969. 258 S., Abb., Tab., Lit.

...

Untersuchungen von Mineralbildungsprozessen
Moskau: Verl. Nauka 1970. 151 S., getr. Abb., Tab., Lit.

Skoblow, G. M.

Der Bau von Erdöl- und Erdgasindustrieobjekten
Moskau: Verl. Nedra 1970. 192 S., 63 Abb.

Zeitschrift für angewandte Geologie, Bd. 17 (1971), Heft 7

Informationen

Perspektiven der bulgarischen Erdölwirtschaft

Der Anteil von Erdöl und Erdgas an der Energiebilanz der VR Bulgarien beträgt derzeit etwa 40%. Er soll bis in die Mitte der 70er Jahre auf etwa 60% anwachsen und 1980 65–70% erreichen. Bis zum Jahre 1975 wird die Erdgaspipeline verlegt sein, die ab 1975 etwa 3 Mrd. m³/a Erdgas aus der Sowjetunion nach der VR Bulgarien liefern soll.

Perspektiven der Erdölwirtschaft Ekuadors

Seit 1967 befindet sich Ekuador auf dem Weg zur Entwicklung einer bedeutsamen Erdölförderung. Damals entdeckten erstmalig Erdölinteressenten in der Provinz Oriente nahe der Grenze zu Kolumbien erhebliche Erdöllagerstätten. Mitte 1970 hatte die Förderkapazität bereits aus 27 Sonden 30822 B/d erreicht. Man erwartet eine bedeutende Steigerung, sobald die Pipeline von Lago Agrio nach dem Hafen Esmeraldas am Pazifik fertiggestellt ist. Für diesen Fall hofft man 250000 B/d oder 91 Mill. B/a fördern zu können. Damit wird Ekuador nach Venezuela auf die zweite Stelle der Erdölausfuhrländer Südamerikas aufrücken, weil im Land selbst höchstens etwa 20000 B/d verbraucht werden können.

Erdöl in Alaska

Nach wie vor stehen die neuentdeckten Erdöllagerstätten Alaskas im Vordergrund des Interesses der Welterdölwirtschaft. Über die Leistungsfähigkeit und damit die Konkurrenzfähigkeit dieser Rohstoffe gibt nachfolgende Information (nach PPS 37/70) Auskunft.

Für die Ausbeutung der drei festgestellten Erdöllagerstätten auf den Nordhängen sind 400 Bohrungen geplant. Man rechnet mit einer Förderleistung je Sonde von 15000 bis 20000 B/d. Die durchschnittliche Förderleistung von 575000 Fördersonden in den USA beträgt dagegen je Sonde nur 15,2 B/d. Unter solchen Verhältnissen wird das Alaska-Erdöl im Weltmaßstab außerordentlich konkurrenzfähig sein.

Die Vorräte an den Nordhängen der Prudhoebucht werden nach vorsichtigen Schätzungen mit 20 Mrd. B, nach anderen mit 40 Mrd. B veranschlagt. Von den genannten drei bisher festgestellten Lagerstätten liegt die größte im Prudhoe-Bucht-Sandstein, die zweite im Lisburne-Kalkstein, die dritte, flachliegende Lagerstätte befindet sich am Kuparuk-Fluß.

Die Perspektiven für weitere Sucharbeiten werden sehr günstig beurteilt, nachdem geophysikalisch insgesamt 15 Sedimentbecken festgestellt werden konnten. Bisher wurde nur aus zwei von ihnen Erdöl gefördert. In 8 Sedimentbecken ist überhaupt noch nicht gebohrt worden, in den übrigen wurden nur vereinzelt Suchbohrungen niedergebracht.

Erdölspeicherung im Weltmaßstab

In der gesamten Welt gab es zu Mitte des Jahres 1970 650 unterirdische Speicher für Erdöl und flüssige Kohlenwasserstoffprodukte. An der Spitze stehen die USA. Von den Speicheranlagen befinden sich rund 550 in Salzlagern, die speziell für diese Zwecke ausgelaugt wurden. In Europa gab es zu diesem Zeitpunkt 50 unterirdische Speicheranlagen, deren Volumina im einzelnen zwischen 5000 und 200000 m³ schwanken. 1980 sollen in Europa insgesamt 280 Kavernenspeicher zur Verfügung stehen, davon allein 150 in Westdeutschland.

Erdgasspeicher dieser Art gibt es zur Zeit in Europa 15, in sozialistischen Ländern 6; die in Westdeutschland angelegten 6 Porenspeicher besitzen insgesamt ein Volumen von ca. 400 Mill. m³. Derzeit wird in Stuttgart ein unterirdischer Speicher für tiefgekühltes und verflüssigtes Methangas gebaut.

Erdgasvorräte von Australien

Die Erdgasindustrie Australiens hat im letzten Jahr einen großen Aufschwung genommen. Derzeit belaufen sich die geschätzten Gesamtvorräte des Landes auf 405,2 Mrd. m³. Die Erdgasfelder verteilen sich über den Kontinent wie folgt:

Erdgasfelder	Mrd. m³
Gippsland, Viktoria	244,4
Südaustralien, Queensland	76,5
Roma, Queensland	6,4
Rolleston, Queensland	1,0
Gilmore, Queensland	1,2
Merechie, Nordter.	28,3
Mondara, Dongara	28,3
Papua	19,1
gesamt	405,2

Erdölproduktionsplanung der SFR Jugoslawien

Die SFR Jugoslawien hat einen langfristigen Produktionsplan für Erdöl aufgestellt, der bis zum Jahre 1985 Gültigkeit haben soll. Danach steigert sich die Förderung von Erdöl von 1970 mit ca. 3 Mill. t über die Jahre 1975 mit 4,5 Mill. t und 1980 mit 6,5 Mill. t bis 1985 auf 9 Mill. t.

Die Entwicklung der Erdölfelder im Land und die ersten Ergebnisse der Such- und Erkundungsarbeiten an der Adria müßten die in diesem Plan genannten Ziffern durchaus rechtfertigen.

Beachtenswerte Erzvorräte lateinamerikanischer Länder

Nachstehende Übersicht gibt die größten der bisher bekannten Erzvorräte südamerikanischer Länder wieder (in Mill. t):

Eisenerz:
Brasilien 30049; Venezuela 2096; Peru 1025

Bauxit:
Jamaika 600; Surinam 250; Guayana 150

Mangan:
Brasilien 60; Bolivien 20; Mexiko 8

Kupfer:
Chile 46; Peru 20

Zink:
Mexiko 6; Peru 2

Blei:
Mexiko 3,2; Peru 1,4; Argentinien 1,2

Zinn:
Bolivien 0,5

Neue Erzlagerstätten in der VAR

Im vergangenen Jahr wurden in der VAR, im westlichen Oasengürtel, neue Phosphatlagerstätten festgestellt. Die Vorräte werden mit 150 bis 200 Mill. t angegeben. Die bereits festgestellten Phosphatlagerstätten im oberen Niltal ergaben zum Abschluß der Erkundung Vorräte, die auf 600 Mill. t geschätzt werden. Die Erze sollen mit polnischer Hilfe gefördert und durch moderne Verfahren angereichert werden.

In der Ostwüste sind Kupfererzlagerstätten angetroffen worden, über deren Ausmaße und Metallgehalte noch keine Einzelheiten bekannt sind.

Die Eisenerzgruben der Oase Bahria sollen nach Fertigstellung einer Anschlußbahn 320000 t Erz pro Monat nach Heluan liefern.

Abb. Verlauf der Erdgaspipeline „Nordlicht"

„Nordlicht" erschließt Sibiriens Erdgas

In den Wintermonaten, Ende 1970/Anfang 1971, wurde die Erdgasleitung „Nordlicht" über dem gefrorenen Sumpfboden in Sibirien ein wesentliches Stück vorwärts getrieben. Durch diese Pipeline werden die gewaltigen Erdgasvorräte aus dem nördlichen Teil von Sibirien in die Zentralgebiete des europäischen Teils der UdSSR transportiert. Fertiggestellt ist bereits die erste 1300 km lange Strecke von Wuktylskoje über Uchta nach Rybinsk. Die Leitung hat einen Durchmesser von 1220 mm. Demnächst werden weitere Leitungen angeschlossen, die Durchmesser von 1440 bis 2500 mm haben und eine Durchlaßfähigkeit garantieren, die das $1^1/_2$fache der bisherigen beträgt.

Die Leitung überquert, wie die obige Skizze zeigt, 18 große und 33 mittlere Flüsse, darunter den Ob, die Petschora und den Nadym, ferner 25 Seen und 290 kleine Flüsse und Bäche. Die im Bau befindliche Strecke bis zu den Lagerstätten in Medweshje ist durch Sumpfgebiete besonders erschwert. Hier werden die Rohre auf speziell angelegten Winterstraßen transportiert.

Wenn das Erdgas aus Tjumen bis nach Uchta gelangt ist, wird es in die bereits in Betrieb befindliche Gasleitung von Wuktylskoje eingespeist und erreicht so die westlichen Teile der UdSSR.

Von Uchta nach Torshok soll zusätzlich eine zweite Pipeline verlegt werden. Die Magistrale „Nordlicht", die demnächst auch bis in einige Staaten von Westeuropa ausgedehnt werden soll, wird mit einem Betriebsdruck von 75 at gefahren und befördert jährlich 30 Mrd. m³ Erdgas. Ab 1975 soll sie jährlich sogar 70 Mrd. m³ befördern.

Weltproduktion an Schwerspat

Die Gesamtfördermenge der Welt an Schwerspat dürfte 1970 etwa 4 Mill. t erreicht haben. Von den kapitalistischen Ländern sind daran vor allem, der Reihenfolge nach, beteiligt: USA, Westdeutschland, Mexiko, Indien und Kanada.

Nach amtlichen Informationen werden 70 bis 75% dieser Förderung zu Bohrspat verarbeitet. In Westdeutschland werden 70% der Produktion als Reduzierspat, 22% als Mahlspat und 8% für sonstige Verwendungsbereiche abgesetzt.

Zur Eroberung der „Dritten Dimension" – Internationale Ozeanographische Dekade der UNO

Mit besonderem Nachdruck hat die UNO die Aufmerksamkeit auf die Notwendigkeit gemeinsamer internationaler Bemühungen bei der Erforschung der Meere gelenkt. Auf ihre Anregung (UNO-Resolution 2560 vom 13. Dezember 1969) wird im Zeitraum von 1970 bis 1980 eine „Internationale Ozeanographische Dekade" durchgeführt, deren Ziel darin besteht, die Tiefen der Ozeane systematisch zu entschleiern und entscheidende Fortschritte bei der friedlichen Nutzung der Reichtümer des Meeres zu erzielen.

Die UNO-Resolution bekräftigt, daß die auf Grund dieser Aufgabenstellung durchzuführende Forschungsarbeit ausschließlich wissenschaftlicher Natur ist und daß alle Tätigkeiten, die der nationalen Jurisdiktion von Staaten unterstehen, der vorherigen Zustimmung dieser Staaten gemäß dem Völkerrecht bedürfen. Es wird empfohlen, daß die Zwischenstaatliche Ozeanographische Kommission, die Ernährungs- und Landwirtschaftsorganisation, die Weltorganisation für Meteorologie und die Zwischenstaatliche Maritime Konsultativorganisation eng zusammenarbeiten. Diese Koordinationsbestrebungen zeigen deutlich den umfassenden Charakter der durchzuführenden wissenschaftlichen Aufgaben.

Kurznachrichten

Im NW der **Niederlande** wurde in Nähe der Stadt Emmen eine neue **Erdgaslagerstätte** mit einem Vorrat von ca. 15 Mill. m³ entdeckt. Weitere Aufschlußbohrungen bei Ammerveen sind erdgasfündig geworden. Die dortigen Vorräte belaufen sich auf 50 Mrd. m³.

Bis April **1971** ist beim Ort Lessum, im Nordwesten **Westdeutschlands**, ein **Kavernenspeicher** zur Lagerung von Erdöl in Teufen von 450–1000 m fertiggestellt. Eine zweite Kaverne soll ein Jahr darauf abgeschlossen werden. Beide Speicher verfügen über eine Kapazität von 300000 m³.

In **Westdeutschland** gibt es zur Zeit **4 Untertagespeicher** für Erdgas. Der älteste Speicher ist der von Engelbostel, der bereits 16 Jahre in Betrieb steht. 6–10 weitere Projekte sind im Aufbau bzw. werden geplant.

Im Gebiet von Oldenburg **(Westdeutschland)** wurde im Zechstein bei 3900 m Teufe im Hauptdolomit eine neue **Erdgaslagerstätte** angetroffen. Die Probeförderung ergab 25000 m³/h.

Nach den neuesten Berechnungen verfügt die **UdSSR** über 6,8 Bill. t **Stein- und Braunkohlenvorräte.** Die sowjetische Kohlenproduktion hat im Jahre 1969 rund 608 Mill. t betragen und wurde 1970 um ca. 10 Mill. t erhöht.

Die **VR China** steigerte ihre **Kohlenproduktion** in den ersten Monaten des Jahres 1970 gegenüber der Vergleichszeit des Vorjahres um 24%. Eine wichtige Rolle bei der Produktionssteigerung spielte die Erschließung neuer Kohlenlagerstätten im Süden des Landes.

Im nördlichen **Erzaufbereitungskombinat** von **Kriwoi Rog** in der UdSSR wurde der zweite Bauabschnitt in Betrieb genommen. Die Gesamtkapazität beträgt nach Abschluß der Arbeiten 3 Mill. t/a Eisenerz und rund 800000 t Fe-Konzentrat.

In Westkalimantan (Westborneo-Indonesien) ist eine große **Bauxitlagerstätte** entdeckt worden. Sie erstreckt sich in ca. 300 km Länge entlang dem Kapua-Fluß. Sie soll in Kürze für den Abbau vorbereitet werden.

Als ein **Typ maritimer Rohstoffe** sind die Produkte einer Kondensationsfazies von Bedeutung. Hierher gehören die Mangankonkretionen, deren Größenordnung allein im Pazifik auf 10^{11}–10^{12} t geschätzt wird. Die Gehalte werden wie folgt angegeben: 25% Mn, 15% Fe, 1–2% Ni, 1% Cu, 0,5–1% Co.

Der **Bergbau in Botswana** hat eine stark aufsteigende Tendenz. Die Lagerstätten von Pikive und Selibe enthalten rund 32 Mill. t nachgewiesene und 10 Mill. t wahrscheinliche Kupfererze mit Gehalten von 1,16–1,57% Cu. Der Nickelanteil liegt zwischen 0,66 und 1,49%. Die Diamantsuche wird fortgesetzt, eine Kohlengrube bei Mamabula wird in Kürze in Betrieb genommen.

Im Golf von **Mexiko** ist eine **Offshorebohrung** bei einer Wassertiefe von 114 m geplant. Damit wird der bisherige Tiefenrekord von 104 m Wassertiefe überboten. Die Bohrplattform mit einem Gewicht von 4200 t ist für das Niederbringen von 24 abgelenkten Bohrlöchern geeignet.

Herausgeber: Zentrales Geologisches Institut im Auftrag des Staatssekretariats für Geologie beim Ministerrat der Deutschen Demokratischen Republik. Für die kollektive Chefredaktion: Dr. K. KAUTER (Redaktionssekretär), Berlin. Redaktion: 1054 Berlin, Zionskirchstraße 34 (Fernsprecher 426001). Verlag: Akademie-Verlag GmbH, 108 Berlin, Leipziger Straße 3–4 (Fernsprecher 220441, Telex 0112020, Postscheckkonto: Berlin 35021). Bestellnummer des Heftes 1047/17/7. Alleinige Anzeigenannahme DEWAG-WERBUNG, 102 Berlin, Rosenthaler Str. 28–31, und alle DEWAG-Betriebe in den Bezirksstädten der DDR. Exportpreis: 6,– M, Sonderpreis für die DDR: 2,– M je Heft. – Satz und Druck: VEB Druckhaus „Maxim Gorki", 74 Altenburg. Veröffentlicht unter der Lizenznummer 1279 des Presseamtes beim Vorsitzenden des Ministerrates der Deutschen Demokratischen Republik

Bei Fragen zur Produktsicherheit wenden Sie sich bitte an:
If you have any questions regarding product safety,
please contact:

Walter de Gruyter GmbH
Genthiner Straße 13
10785 Berlin
productsafety@degruyterbrill.com